岩土工程测试与检测技术

顾展飞　张明飞　郑宾国　刘之葵　编著

中国建筑工业出版社

图书在版编目（CIP）数据

岩土工程测试与检测技术/顾展飞等编著. —北京：
中国建筑工业出版社，2023.5
ISBN 978-7-112-28535-8

Ⅰ. ①岩… Ⅱ. ①顾… Ⅲ. ①岩土工程-测试技术
Ⅳ. ①TU4

中国国家版本馆 CIP 数据核字（2023）第 048896 号

本书是作者在参与实际工程项目的基础上，结合自身研究实际，按照新的国家工程建
设规范要求进行编写，并根据当前岩土工程专业学科的发展，对某些应用较少的内容进行
了精简或删除，同时也增加了部分新技术内容，主要突出了工程实践中常用的各类岩土工
程测试与检测技术要求。全书共分为 6 章，包括岩土工程勘察技术、岩土中的应力测量技
术、岩土的原位测试技术、地基加固的检验与检测技术、加筋锚杆测试技术、岩土体的注
浆加固技术。

本书可供岩土工程勘察、设计、施工以及交通、规划等专业的科研人员和技术人员
参考。

责任编辑：杨　允　刘颖超　李静伟
责任校对：李美娜

岩土工程测试与检测技术

顾展飞　张明飞　郑宾国　刘之葵　编著

*

中国建筑工业出版社出版、发行（北京海淀三里河路 9 号）
各地新华书店、建筑书店经销
霸州市顺浩图文科技发展有限公司制版
建工社（河北）印刷有限公司印刷

*

开本：787 毫米×1092 毫米　1/16　印张：10½　字数：259 千字
2023 年 5 月第一版　　2023 年 5 月第一次印刷
定价：**45.00** 元
ISBN 978-7-112-28535-8
（40897）

前　　言

　　"九天揽月、五洋捉鳖"从侧面反映了我国科技的重要成就，月壤和海底等岩土体的测试技术其实也为科技创新提供了一定保障。

　　近年来，特别是进入 21 世纪以来，随着经济和社会的飞速发展，各类土建工程日新月异，重型厂房、高层建筑、重水电枢纽、铁路、桥梁和隧洞，以及为了向海洋寻找资源、向地下争取空间、迈向外太空而进行的各种开发性和探索性工程等，都与它们所赖以存在的地层环境有着极为密切的关系。各类工程的成功与否，在很大程度上取决于岩土体能否提供足够的承载能力，能否保证建筑物不产生影响其安全、正常使用的过大或不均匀沉降，以及水平位移、稳定性或各种形式的岩土应力作用。为了保证各类工程及周围环境安全，确保工程的顺利进行，必须进行岩土测试检测和监测。同时，土力学作为实践性较强的学科，岩土工程测试在土力学中的重要性不言而喻。岩土工程测试技术以岩土力学理论为指导法则，以工程实践为服务对象，而岩土力学理论又是以岩土工程测试技术为试验依据和发展背景的。不论设计理论与方法如何先进合理，如果测试技术落后，则设计计算所依据的岩土参数无法准确测试，不仅岩土工程设计的先进性无从体现，而且岩土工程的质量与精度也难以保证。所以，测试技术是从根本上保证岩土工程设计的准确性、代表性以及经济性的重要手段。在整个岩土工程中它与理论计算和施工检验是相辅相成的。

　　本书即是在此背景下，针对岩土工程的测试、检测与监测，主要包括以下内容：（1）岩土工程勘察技术；（2）岩土中的应力测量技术；（3）岩土的原位测试技术；（4）地基加固的检验与检测技术；（5）加筋锚杆测试技术；（6）岩土体的注浆加固技术。岩土工程的测试、检测与监测是从事岩土工程勘察、设计、施工和监理的工作者所必需的基本知识，同时也是从事岩土工程理论研究所必须具备的基本手段。因此，对土木工程专业学生而言，岩土工程测试与监测技术是一门必须掌握的专业基础课程。

　　本书是郑州航空工业管理学院和桂林理工大学作者们在岩土工程领域合作成果的部分展示，反映了国家自然科学基金项目（41902266）、河南省科技攻关项目（212102310275，222102320177，232102321010）、南方石山地区矿山地质环境修复工程技术创新中心项目（CXZX 2020002）、广西岩土力学与工程重点实验室项目（20-Y-XT-03）、河南省高校实验室研究项目（ULAHN 202108）等项目资助研究的部分成果。另外，郑州航空工业管理学院薛茹、魏晓刚、罗要飞等参与了课题部分研究内容，曲啸、岳玮琦、张明、窦国涛等对书稿进行了仔细校对。在此，对所有成员的辛勤工作致以衷心感谢！

　　由于作者水平有限，书中不足之处在所难免，望读者批评指正。

作　者

2023 年元月于郑州

目　　录

第1章

岩土工程勘察技术

1.1 岩土工程勘察的常用手段

岩土工程勘察分析方法及探测技术，除了常规的钻探手段外，还有工程地质调查与测绘、地球物理勘探、遥感、原位测试、示踪试验和模型试验等。钻探和地球物理勘探（简称物探）为常用的两类方法。

1）钻探

在岩土工程勘察中，钻探是最常用的一类勘探手段。与物探相比较，钻探有其突出的优点，它可以在各种环境下进行，一般不受地形、地质条件的限制；能直接观察岩芯和取样，勘探精度较高；能提供原位测试和监测工作，最大限度发挥综合效益；勘探深度大，效率较高。因此不同类型、结构和规模的建（构）筑物，不同的勘察阶段，不同的环境和工程地质条件下，凡是布置勘探工作的地段，一般均需采用此类勘探方法。

但是，钻探只是对地质环境点的揭示，通过推测去了解点点（不同钻探孔）之间的地质情况。对于岩溶区这种复杂的地质环境，这种推测往往是不准确的，甚至是错误的。这就使得仅仅依据钻探成果完成的设计成果，有可能存在较多的地质隐患。以往为解决这一问题，通常采用增加钻探孔数量的方法，通过数量的增加来换取预测精度的提高。但是这样在大大提高勘察成本的同时，并不能彻底解决这一问题。

2）地球物理勘探

地球物理勘探是用专门的仪器来探测各种地质体物理场的分布情况，对其数据及绘制的曲线进行分析解释，从而划分地层，判定地质构造、水文地质条件及各种不良地质现象的一种勘探方法。由于地质体具有不同的物理性质（导电性、弹性、磁性、密度、放射性等）和不同的物理状态（含水率、空隙率、固结程度等），它们为利用物探方法研究各种不同的地质体和地质现象提供了物理前提。所探测的地质体各部分之间以及该地质体与周围地质体之间的物理性质和物理状态差异越大，就越能获得较满意的结果。

物探的优点在于设备轻便、效率高；在地面、水上或钻孔中均能探测；易于加大勘探密度、深度和从不同方向布设勘探线网，构成多方位数据阵，具有立体透视性的特点。但是，这类勘探方法往往受到非探测对象的影响和干扰以及仪器测量精度的局限，其分析解释的结果就显得较为粗略，且具多解性。为了获得较确切的地质成果，在物探工作之后，还常需要钻探来验证。为了使物探这一间接勘探手段在工程勘察中有效地发挥作用，岩土工程师在利用物探资料时，必须较好地掌握各种被探查地质体的典型曲线特征，将数据反复对比分析，排除多解，并与地质调查相结合，以求得正确单一的地质结论。具体物探方法（本章以岩溶地区工程勘察为例，其他工程类似）有以下几种。

1.1.1 地震波 CT 法

地震波 CT 层析成像技术是近几年来在岩溶勘察中应用得比较广泛的一种地震勘探技术，地震波 CT 法是利用地震波在不同介质中速度传播（或被吸收多少）的差异，通过层析成像的方法对地震波数据进行处理，重建介质体内速度分布（或吸收分布）的图像，然后推断剖面介质的构造及地质异常体的位置、形态和分布状况。

在有关地区的岩溶勘察中，采用地震波 CT 法。通过井间测量的方式，如图 1-1 所示，对查明基岩面的埋深及起伏形态、溶洞分布形态及溶蚀裂隙发育范围有良好的效果。岩溶勘察地震波 CT 钻孔应布置在被探测区域（或目的体）的两侧，孔距宜控制在 5～20m，孔距太小会增大系统观测的相对误差，太大会降低方法本身的垂向分辨率。

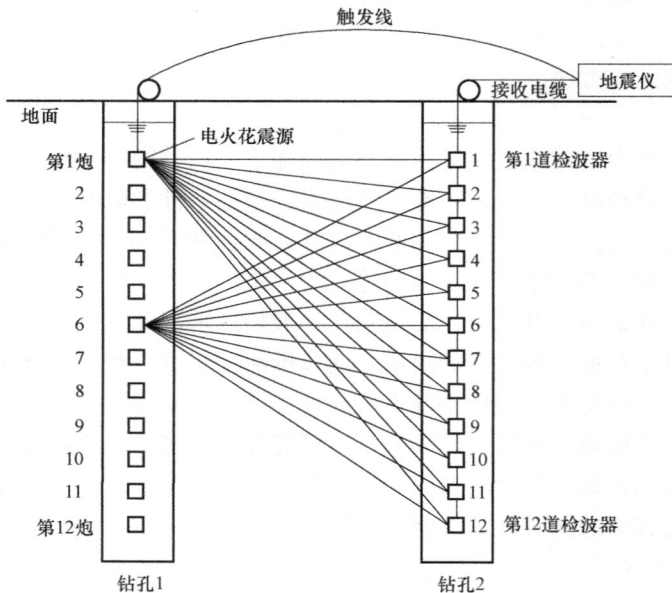

图 1-1　地震波 CT 测试示意图

根据测区钻孔情况及测试精度要求，合理布置观测系统，采用一发多收的扇形穿透，诸点激发将在被测区形成致密的射线交叉网络。根据接收与激发时间互换原理，每条射线地震波走时唯一确定，并为层析成像提供信息。然后，根据射线网络密度及成像精度要求在测试范围内划分若干规则的成像单元。如果认为每个成像单元内的岩土体是均匀的，波速是单一的，那么就可以用数学物理方法解决岩溶的探测这一工程问题。

致密完整的岩体一般地震波速度较高，而疏松碎裂岩体，溶洞及岩溶裂隙区波速较低，因此，这些非完整的岩溶发育区对围岩来讲可视为异常体。一般来说，完整石灰岩的弹性纵波波速大于 4500m/s，而溶蚀裂隙发育灰岩的弹性纵波波速则在 2800～4500m/s之间，岩溶充填物及上覆土层的弹性纵波波速小于 2800m/s。当某条射线通过它的时候，产生地震波旅行时差，仅根据一条波射线所产生的时差难以判别其具体位置。当采用相互交叉的致密射线穿透网络时就会对岩溶区在空间上产生强有力的约束，同时若运用适当的反演算法即可精确地获得这些溶洞以及岩溶裂隙的空间展布形态。

地震波CT法的优势在于方法效率高、操作简单、准确有效，克服了工程钻探的不足。在勘察区域布置一定数量的地震波CT剖面，可查明基岩面的埋深、起伏形态、溶洞分布形态及溶蚀裂隙发育范围。在岩溶发育地区兴建的大、中型重要建筑的设计、施工阶段，采用常规工程钻探、地面物探与地震波CT成像相结合的勘察方法，可避免重复勘察，消除工程安全隐患，从而降低整个工程造价。

1.1.2 管波探测法

管波探测法是在钻孔中利用"管波"作为探测物理场，探测孔旁一定范围内的溶洞、溶蚀裂隙、软弱夹层等不良地质体的具有我国自主知识产权的最新孔中物探方法，是"中国创造"的物探方法。管波探测法利用桩位内的一个勘察钻孔，通过发射管波，采集记录并分析管波反射信号，即可探明桩位范围内的岩溶、软弱夹层及裂隙带的发育和分布情况，并评价嵌岩桩基桩持力层的完整性，为基桩设计和施工工作提供准确可靠的地质资料。

管波探测法的探测装置如图1-2所示，把发射仪的发射换能器和记录仪的接收换能器按固定间隔放入有孔液的钻孔中，在每个探测位置发射仪发射同一主频的脉冲信号，发射换能器产生的振动与孔液作用，在孔液和孔壁上产生管波，记录仪同步记录经接收换能器输出的振动信号。同时移动发射换能器和接收换能器以改变探测位置，这样把同一主频探测的不同深度探测点的振动记录按深度排列，得到时间剖面。通过对时间剖面的分析，即

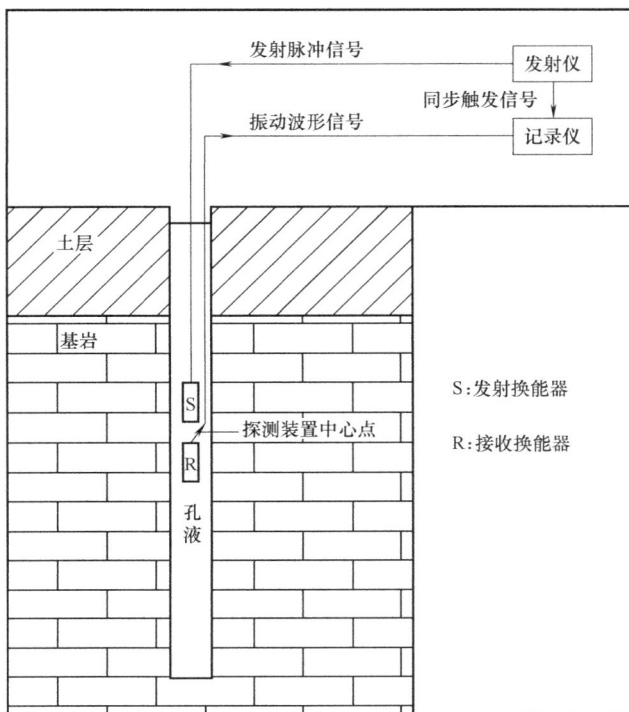

图 1-2 管波探测法的探测装置

可判别洞穴和软弱夹层的存在及其顶底深度。可通过改变发射仪发射的主频，或更换发射换能器，重复上述不同深度探测点的探测，获得多张不同管波主频时间剖面；或通过频谱分析的方法获得这种多张不同管波主频时间剖面；根据对这些时间剖面的分析，可判别洞穴和软弱夹层等不良地质体与钻孔中心的距离。

在实际工程中，常常出现钻孔揭露的完整基岩段厚度已经满足规范要求，但管波探测法发现其"完整基岩段"中存在溶洞、软弱夹层等不良地质体的情况。为了保证桩位持力层的完整性，通常采用管波探测与钻探互动的探测流程。

1.1.3　电阻率法

电阻率法是以岩（矿）体的导电件差异为基础的电法勘探方法，它是依靠人工建立直流电场，在地表测量某点垂直方向或水平方向的电阻率变化，从而推断地质体性状的方法，是电法中勘察岩溶地质最常用的勘察方法也是早期岩溶勘察中运用最多的物探方法。电阻率法包括电剖面和电测深法。在岩溶地质的勘察中更多的是使用电测深法进行勘探。

电测深法全称为"电阻率测深法"，又可称为"电阻率垂向测深法"，它是研究指定地点近于水平产状的岩层沿铅垂方向分布情况的电阻率法。电测深法的应用条件是：地面水平、岩层面水平或倾角不大（<20°）；地电断面层次不多；被探测的各层有一定厚度、宽度及延伸规模；各层之间电性差异明显，并已知一定数量的中间层电阻率；各层内电性均匀、稳定；电性分界面与地质分界面一致；被探测的目的层或地质体上方没有明显的高阻或低阻屏蔽层。

电阻率法操作简单方便，比一般的钻探节约资金和时间，但是由于实际岩溶地质情况往往比较复杂，不可能完全满足上述理论条件，因此在实际岩土工程勘察中电测深法对地表比较平坦、地下各层电阻率差异较大的地质体进行探测时，勘察效果较好。

在工程实践中发现，电测深法对勘察隐伏浅层岩溶较为有效，电测深勘探比钻探探查的范围大。电测深法是对岩土体三维情况的勘察方法，是体积勘探概念，它除探测测点下方垂线上的岩溶情况，同时还探测外侧一定范围（与电场分布有关）截面上的情况；而钻探仅局限于沿钻孔轴线上的探查。这也是根据测深解释结果和钻探结果进行比较时会出现不相符的原因。如果工作布置合理，点距与线距选择适当，利用电测深体积勘探可了解地基空间岩溶发育的整体性情况，但是它只具有宏观上的扫描功效，只能从宏观上解释钻孔揭露的某些岩溶现象，而且分辨能力低下，分辨系数（岩溶带厚度/埋深）为 1/10~1/4。

1.1.4　高密度电法

高密度电法是 20 世纪 80 年代兴起的一种物探方法，近年来在岩土工程勘察界被广泛应用。高密度电阻率法实际上是集中了多个深度电剖面和密集的电测深于一体的一种地学层析成像（Geoscience Tomography，简称 GT）技术，其原理与电阻率法相同，所不同的是在观测中设置了较高密度的观测点，实行密集采样来提高采样率和"多次覆盖"方法提高倍噪比。多次覆盖是指由不同的电流电极、不同的电位电极对地电断面上相同的"点"进行多次测量。在测量方法和仪器上采取了一些措施，使数据采集精度高、抗干扰性能强，从而获得较丰富的地质信息。该方法不仅能提供勘探地质体在某一深度沿水平方向的变化，而且能反映地质体在铅垂方向不同深度的变化特征，同时可采用多种参数综合解释，弥补了常规电阻率法测点稀、解释单一的不足。

通过工程勘察实践发现，高密度电阻率法在勘察覆盖型岩溶发育地区的第四系土洞发育、灰岩岩溶、断裂发育情况以及确定灰岩的分布情况等方面，能取得较好的地质效果。因为在覆盖型岩溶区，可溶岩的风化不存在逐步过渡的渐变性（强、中、弱风化过渡），其与上部地层有明显的物理性差异，从而使探测工作的分辨率大大提高。

高密度电法是一种快速、高效、经济的浅表岩溶构造勘察手段，这种方法能够有效发现关注深度范围的岩溶构造，较为准确地确定岩溶存在的位置及大小，然而高密度电阻率法有一个明显的缺点，就是对场地的要求较高，要求工作区地形相对较平坦，所以一般来说高密度电法在平地或地势平缓的地方应用效果会比较好。

1.1.5 地质雷达法

地质雷达也叫探地雷达（Ground Penetrating Radar，简称GPR），是一种用于确定地下介质分布光谱（1MHz～1GHz）的电磁技术，地质雷达利用发射天线发射高频宽带电磁波脉冲，接收天线接收来自地下介质界面的反射波。电磁波在介质中传播时，其路径、电磁场强度与波形将随所通过介质的电性性质及几何形态而变化。因此，根据接收到的波的旅行时间（双程走时）、幅度与波形资料，可推断介质的结构和形态大小。岩溶与其周围的介质存在着较明显的物性差异，尤其是溶洞内的充填物与可溶性岩层之间存在的物性差异更明显，这些充填物一般是碎石土、水和空气等，这些介质与可溶性岩层本身由于介电常数不同形成电性界面，因此探测出这个界面的情况，也就知道了岩溶的位置、范围、深度等内容。当有岩溶发育时，反射波波幅和反射波组将随溶洞形态的变化横向上呈现出一定的变化，一般溶洞的反射波为低幅、高频、细密波型，但当溶洞中充填风化碎石或有水时，局部雷达反射波可变强，溶蚀程度弱的石灰岩的雷达反射波组为高频、低幅细密波。

通过工程勘察实践，地质雷达对于勘察隐伏性浅层灰岩地区岩溶溶洞、溶蚀、裂隙发育等都有良好的效果，尤其是对溶洞的勘探。地质雷达的探测深度一般为40m左右，溶洞的地质雷达影像特征都为向顶部弯曲的、多重的强弱信号条纹相间的异常区。地质雷达发射的电磁波频段常为107Hz以上，在地层介质中雷达波波长一般为1～2m，在探测浅部地层介质时，由于灰岩对雷达波的吸收相对其他地层介质有较低的衰减系数，因而地质雷达在灰岩区有较理想的探测深度。当选用1m的点距勘测时，对发现直径大于1m的溶洞是有效的，但对连接上下岩溶通道的特征就很难反映，但当测点加密后，可使更小些的岩溶不易漏掉。

与常规的钻探工作相比，地质雷达在探测岩溶方面有其他物探方法无法比拟的优点，它是一种高效、直观、连续无破坏性、分辨率高的物探方法，提供的资料图件为连续的平面和剖面形态，对溶洞的分布范围、埋深、大小及连通情况一目了然，尤其是对微小目标的探测。地质雷达定性预测溶洞或采空洞的存在较准确，但对溶洞或采空洞大小的预测比实际尺寸偏大，且存在线性相关关系，由于岩溶本身的空间形态发育非常复杂，大量溶蚀溶沟形态发育时，反射波电信号相互干扰、重叠、造成探测结果扩大化；当溶洞发育呈层状分布时，对于上下层溶洞之间的岩石溶蚀发育或破碎，地质雷达的雷达图像难以区分，探测结果易判为一个大溶洞；如岩石存在破碎带，由于岩性的差异显著，地质雷达探测结果也会显示存在空洞。此外，地质雷达在岩溶地区的探测还受到上覆土层厚度和地下水的影响，而且探测深度较小，地形要求相对平坦，操作人员的经验和技术水平及仪器参数选择是否得当也都是取得良好探测效果的关键因素。

1.1.6 瞬变电磁法和激发极化法

瞬变电磁法（Transient Electromagnetic Method，简称 TEM）属时间域电磁感应方法。该方法是利用不接地回线（大回线，磁偶源）或接地线源（电偶源，线源）向地下发送一次脉冲磁场（电场），在一次脉冲磁场（或电场）的间歇期间利用线圈（或接地电极）测量地下介质产生的感应电磁场（二次场）随时间的变化，从而探测地下不均匀体的位置，并估算其规模和导电性能的一种方法。在工程勘探中，常采用重叠回线测量装置进行工作。激发极化法（简称激电法）是以不同岩、矿石激电效应之差异为物质基础，在人工电场作用下，通过观测和研究激发极化电场以达到找矿或解决其他地质问题的一种电法勘探方法。

瞬变电磁法主要用于查找溶洞、溶蚀和岩溶地下水的情况。探测深度能够达到 100m 左右，在探测溶洞埋深方面准确度较高，通过资料的正反演计算处理，解释出的成果对于溶洞有很好的控制，并得到过钻孔的验证。相对而言，激发极化法更多是应用在岩溶地区的地下水查找，在五台山某地，应用激发极化法能够探测到埋深 300m 以下的白云质大理岩裂隙岩溶水的水文地质情况。

瞬变电磁法和激发极化法在工作中受环境限制很小，对岩层电阻率的阻值要求低，能在各种地形及环境中开展工作，抗干扰能力强，分辨率高；但是激发极化法在勘察岩溶地下水时，只是一种间接的找水方法，要配合其他的物探或钻探方法使用，才能达到良好的勘察效果。

1.1.7 地球物理测井法

地球物理测井又称钻井地球物理勘探，简称测井或井中物探。它是将地球物理勘探方法用于井孔之中，以研究井孔剖面和井孔周围的地质情况。作为地球物理的一门应用技术，地球物理测井已有半个世纪的历史。随着科学技术的发展，地球物理测井已经成为石油、煤田普查勘探和开发各个阶段不可缺少的重要手段。在金属矿地质、水文地质以及工程地质工作中，地球物理测井也发挥着越来越大的作用。依据所利用的岩（矿）石物理性质的不同，地球物理测井可分为：电测井、声波测井、放射性测井等。用于岩溶地区勘察的测井方法主要是声波测井和电法测井，电法测井主要用于岩溶勘察的初级阶段和岩溶地区的调查；声波测井用于确定溶洞位置。

1.1.8 陆地声呐法

陆地声呐法是弹性波反射法的一个分支，它吸收了地震反射法、水声法、雷达等物探方法的某些元素，并引入计算技术、航天工程测震等方面的技术，充分发挥零震-检距反射法的特点。其主要特征是：（1）采用锤击类方法激振产生弹性波入射，接受被测物体的反射波进行勘探；（2）采用近于零震-检距的排列形式作单道采集；（3）作垂直叠加（即每个激发点激振多次，分别测量每次激振后得到的反射波，取他们的平均值），提高信噪比；（4）采用超宽频带的检波器，它与仪器接收主机相配合。可激发和接收 10～4000Hz 的波，并在此范围内无频率畸变（既不压制也不放大任何频率的波）。由于这些特点，带来以下优点：（1）近零震-检距的方法，反射波是最后到达的波，用此可以避开直达波、声波、面波的干扰；（2）入射波的反射角近于零，测得的反射波效率高，可探查较大深度；（3）可采用分窗口带通滤波技术提取不同频段的波，并因此可避免测线附近人行、车行及其他机械的干扰，可以在闹市区作正常数据采集。

1.2 岩土工程勘察方法的优选

1.2.1 桩位溶洞探测技术比较

在岩溶的勘察中，由于场地地质条件非常复杂，必须采取各种勘察手段相结合的方式才能获得与实际相符合的资料。常用桩位溶洞勘探方法比较如表 1-1 所示。在使用勘探手段之前，必须注重岩溶发育规律的研究，坚持以工程地质调查为先导岩溶规律研究和勘察工程的布置，应遵循从面到点、从地表到地下、先控制后一般、先疏后密的原则。在勘察中，物探只是一种间接的勘察地质手段，其勘探结果必须通过钻孔勘察验证。针对既有建筑扩建工程的特点，在可行性勘探阶段应该充分利用已有建筑工程的地质资料，对工程场地地质情况有初步的了解和划分。

地质钻探由于其直观性、可靠性，无论物探手段如何发展，钻探都是具有不可替代性的。超前钻探是每一个勘察阶段最常用的探测手段。根据不同阶段要求，钻探的数目有所不同。岩芯及其物理力学参数和钻进过程中进尺记录等资料对桩基施工有指导作用。规范中一般要求一桩一钻，但由于钻探岩芯的直径一般仅为桩径的十分之一甚至几十分之一，所以单一钻孔容易漏判，适当增加单桩的勘察钻孔数可有助于减少后期的废桩概率。

地面的物探方法如高密度视电阻率法、陆地声呐法和地质雷达法是在初步勘察阶段有效的补充方法。由于既有建筑扩建工程的特点，地质雷达探测时现场干扰的信号较多，所以不适用。

由于钻探的不可替代性，所以利用钻孔孔中的物探技术进行岩溶探测具有干扰少、探测精度和可靠度高的特点。目前常用的孔中物探的手段主要是地震波 CT 法和管波测试法，二者在详细勘察和施工勘察阶段均有广泛的使用。由于管波测试法探测范围小，尤其在岩溶强发育地区，难以识别小的溶蚀和溶洞的区别，常出现管波反射过大造成的假异常。而弹性波探测成果直观，准确性高，所以在详细勘探和施工勘探阶段选用地震波 CT 和钻探结合的方法进行勘察。

常用桩位溶洞勘探方法比较　　　　　　　　　　　　　表 1-1

方法	适用阶段	优点	缺点	适用性
类比法	可行性勘察	适用于既有建筑扩建工程	—	—
高密度视电阻率	初步勘察	勘察精度高 高效 成本低 避免人工操作	勘探要求地面相对平坦	溶洞、溶蚀、土洞、暗河覆盖层厚度

方法	适用阶段	优点	缺点	适用性
陆地声呐法	初步勘察	分辨率高 探测速度快 成果分析容易	探测精度低、 可靠度低	溶沟、土洞、基岩起伏情况
地质雷达法	初步勘察	分辨率高 费用低 探测速度快	受干扰因素多， 特别依赖操作 人员的经验与技术	溶洞、溶蚀、破碎带 覆盖层厚度
钻探	初步勘察 详细勘察 施工勘察	勘察精度非常高 成果直观 不可替代性	费用高 工期长 一孔之见	钻孔深度内的岩溶发育情况
地震波 CT	详细勘察 施工勘察	探测设备占地小 精度高 成果直观、可靠 不受场地限制	费用较高 工期长 钻孔布置严格	溶洞分布、大小、溶蚀发育、能 详细探明桩位、桩侧岩 溶发育情况
管波探测	详细勘探 施工勘探	工期短 费用低 成果较为直观	不能探明基桩外的不良 地质体、临空面无法 分辨局部溶蚀和溶洞	桩基范围内的溶洞、 溶蚀裂隙、软弱夹层 等地质情况

1.2.2　陆地声呐法试用及分析

陆地声呐法现场探测速度快，定性分析成果容易，某一探测的波列图如图 1-3 所示。

正演模拟和实践表明，溶洞的反射同相轴是双曲线，在陆地声呐时间剖面上圈定双曲线同相轴是主要的工作。资料解释遵循物探工作"由已知推向未知"的原则，利用钻探资料和通过钻孔附近的陆地声呐时间剖面段作对比。反射法测出的是出反射面的反射时间 t，按 $H = Vt/2$ 计算溶洞的深度，其中 V 为岩体的波速。根据钻孔和陆地声呐对比求出波速。由于土层和石灰岩的波速不同，需先定出溶洞上方基岩的埋深，再加上溶洞距基岩的深度则为溶洞的深度。若某个空洞在基岩面上，则为土洞。利用多条测线的测试结果可以得到如图 1-4 所示的溶洞分布图，不同颜色的标注代表不同的溶洞深度。

根据探测解释结果（图 1-4），现场进行了钻探验证，发现陆地声呐法的准确性约为 30%，探测的准确性不高。证明陆地声呐法仅可以对场地的岩溶发育情况进行初步评估，对具体的溶洞发育位置和规模很难准确探测，无法满足桩基施工的需要。究其原因是陆地声呐法存在以下几点问题：

（1）缺少理论依据

陆地声呐法在被提出至今，缺少严谨的理论研究。在探测成果解释的关键技术上缺少理论支持，对于陆地声呐应力波的传播机理，波场特征、信号的频谱特征缺少理论研究的支撑，探测的可靠性存在疑问。

（2）声呐信号能量不足

现场数据采集采用的是 LDS-3 陆地声呐仪（图 1-5）和特制的超宽频带检波器，其激发振源采用的是激振杆和激振锤的组合。激发的能量极其有限，考虑到声呐应力波在地层里实际是呈球面扩散的方式传播，能量的扩散和衰减非常快。同时某高速公路所在的地质情况上覆层为 20m 左右，包含大量的粉细砂，这些介质对于声呐应力波信号的衰减非常

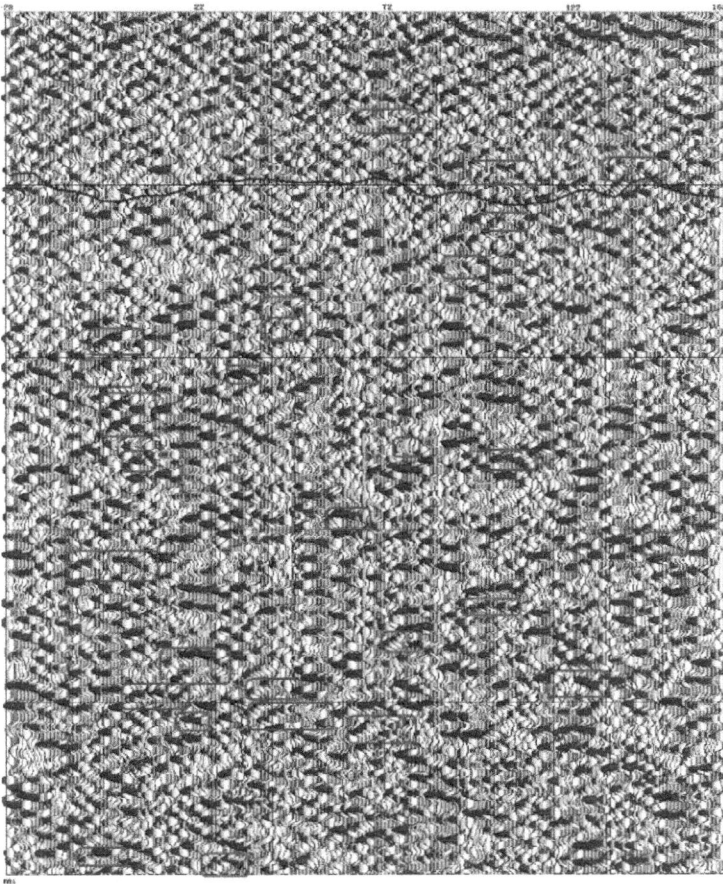

图 1-3 陆地声呐探测波列图

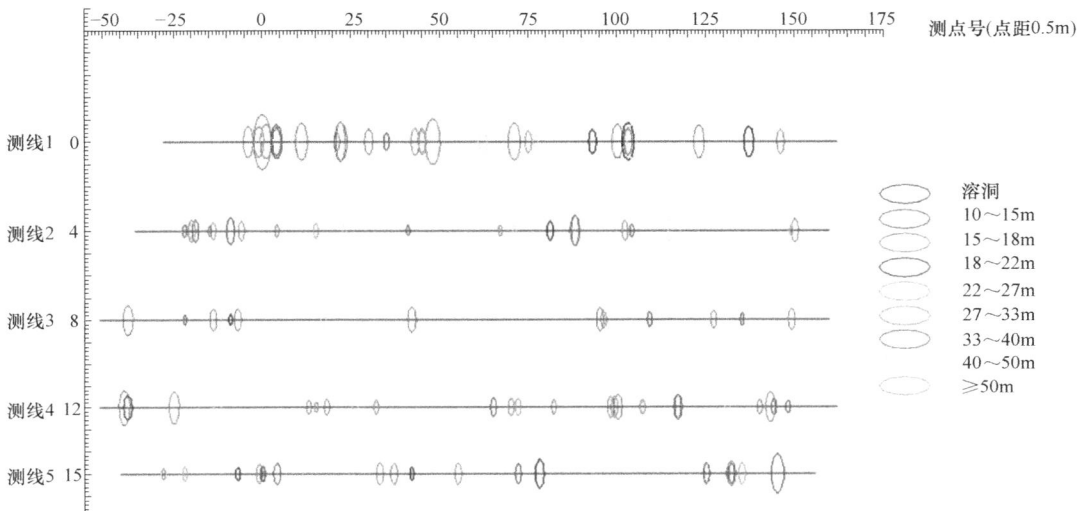

图 1-4 陆地声呐解释结果

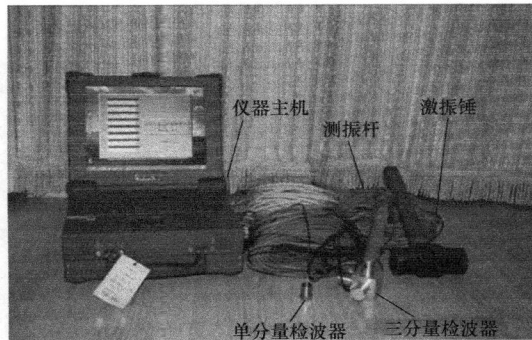

图 1-5　LDS-3 型陆地声呐仪及其配备设备（激振锤、检波器、激振杆）

严重，真正可以传播到岩层中的溶洞，并能返回到地面检波器的声呐应力波很少。所以，在陆地声呐探测法的有效深度存在一定不确定性。

（3）横波、纵波和面波分离的理论缺陷

陆地声呐探测法采用近零震-检距的方法，认为反射波是最后到达的波，用此可以避开直达波、声波、面波的干扰。同时认为入射波的反射角近于零，测得的反射波效率高。但是根据波场传播原理分析，声呐应力波在每一个反射界面都存在复杂的横波、纵波和面波的相互转换。尽管零震-检距的布置形式可以有效减少直达波的干扰，但是无法规避地层里反射界面的多次波型转换，导致实际接收信号中包含了横波、纵波和面波，并且难以区分。同时由于声呐应力波是以球面扩散的形式传播，那么入射波的反射角小和反射波效率高之间并没有直接的关系，所以这样的假设是不成立的。

（4）地层速度计算的误差

陆地声呐法的地层波速依赖于钻孔资料，但是岩溶地区基岩起伏很大，钻孔岩芯的波速测试结果离散性较大，用同一波速进行溶洞深度的估算误差很大，也就导致解释结果在溶洞的竖向分布上存在较大误差。

（5）基岩面和溶洞的多次反射无法分辨

陆地声呐应力波的传播过程中遇到溶洞和基岩面会出现多次反射的现象，尤其是土-岩分界面的物性差异较大，土-岩分界面的反射波能量较深部的溶洞反射要强很多，导致基岩面的多次反射会覆盖深部溶洞的反射，同时也会造成误把多次反射当作溶洞反射的情况。

综上所述，认为陆地声呐法在理论依据、激发能量、波场分离、波速反演和多次反射分辨等方面存在一定的疑问值得探讨，其探测结果仅适用于在初步勘探中使用，无法对桩基的施工提供较好的支撑。

1.2.3　高密度视电阻率法试用及分析

高密度视电阻率法在本项目全线初步勘探时得到试用，探测的测试结果如图 1-6 所示，通过多个探测剖面的联合解释其测试成果如图 1-7 所示。经过钻探验证，结果表明高密度视电阻率法的准确性较差。

分析原因发现，高密度视电阻率法勘查过程中受广清高速扩建工程场地地形、供电电

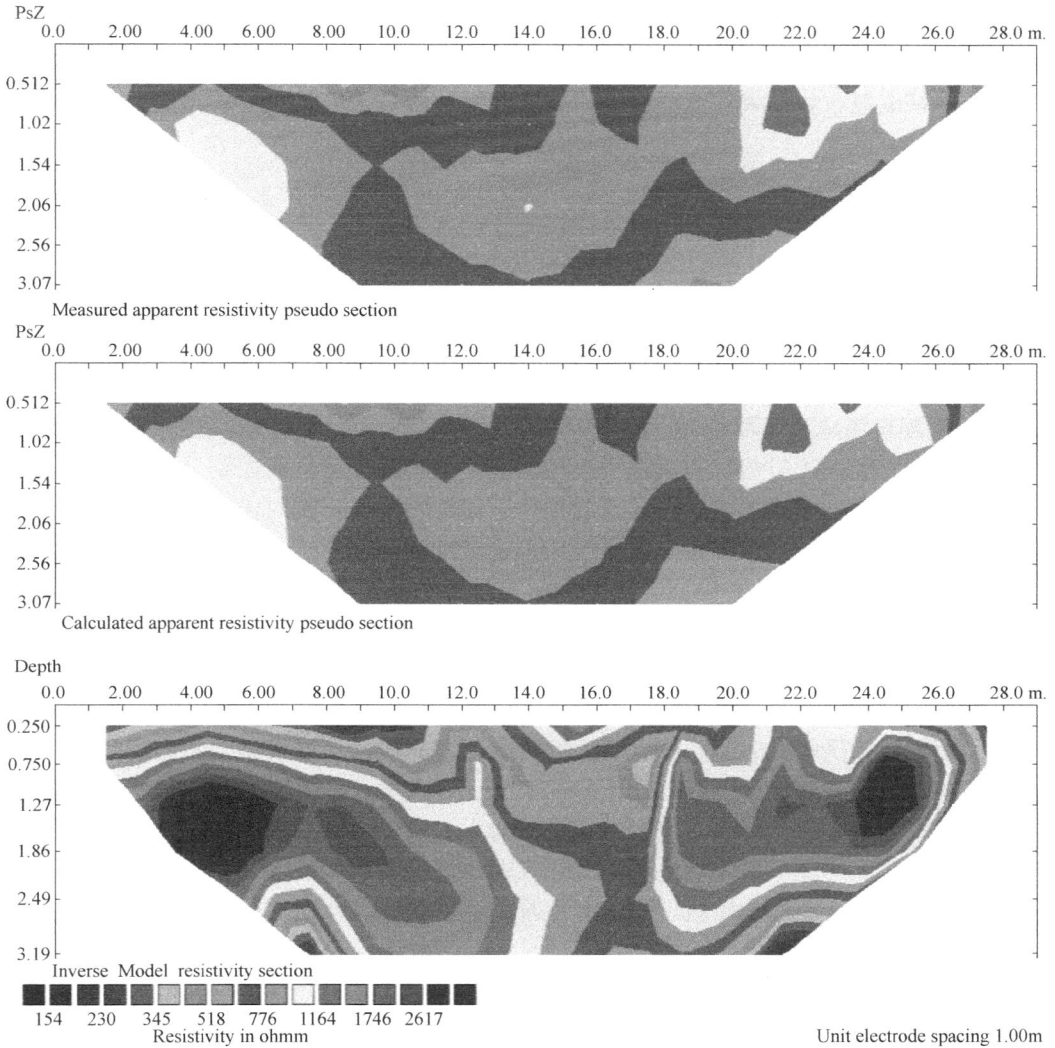

图 1-6　高密度视电阻率法测试结果

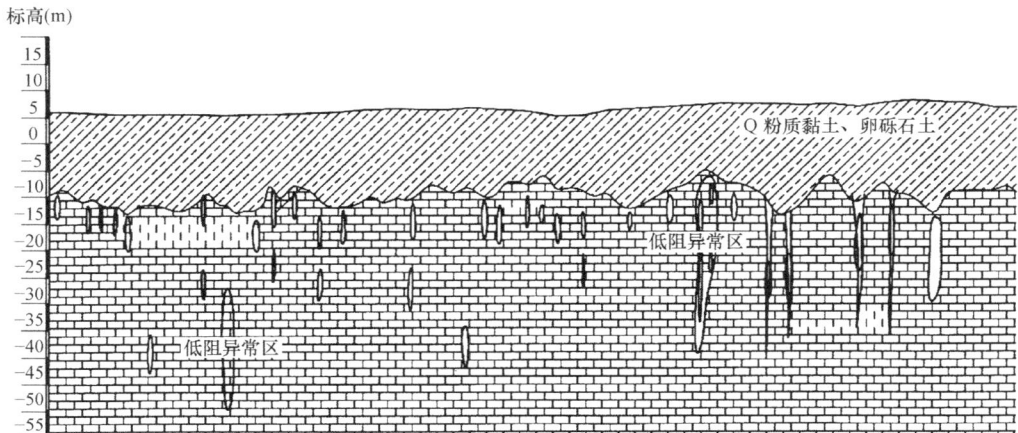

图 1-7　高密度视电阻率法物探成果解释

压、自然电场等因素的影响，实测数据往往不能如实地反映出地下电介质的变化情况。尽管高密度视电阻率法源于直流电法甚至可以说它们的物理机制是相同的，但是随着其工作模式，特别是电极布置模式、供电时间模式、数据采集模式等的改变，存在以下问题导致探测准确性差。

1. 缺少理论研究

高密度视电阻率法至今还未见一部比较完整的理论著述，只零星于刊物和论文集中针对某一技术问题的讨论。由于计算机的发展，高密度视电阻率法目前涌现的装置类型不下十几种，但就各种装置类型的特点、曲线特征、探测深度、分辨能力等并没有专门的论述。不少地球物理工作者只是从猎奇角度，又因为计算机自动测量的工作条件，无目的滥用各种装置，不得不说这是当前高密度视电阻率法所面临的一个问题。

2. 与常规直流电法不尽相同

高密度视电阻率法虽然是直流电法范畴，但是其采用了计算机控制自动供电、自动测量功能。为了提高工作效率，仪器设计者往往采用短时甚至是瞬时供电，供电后即刻测量的工作方式。由此就带来了有悖于直流电法理论基础的问题。

（1）电磁感应现象

无论是在开始供电，还是在断电的瞬间，理论上不应视其为直流电流，这是公认的。这时，无论是导线，还是大地，均会由于电磁感应原理产生电磁感应现象，该现象无疑会对供电电流、MN 两点电压带来影响。这种电磁感应的影响无疑又与供电时间的长短和测量一次场距离开始供电的时间间隔有关，究竟在不同介质、不同模型、不同时间影响有多大，还不甚清楚。一般地，由于仪器型号的不同，一次电位的采集时间也不尽相同。过去古老的表盘式仪器就不存在这一问题，这是因为人们读数有一个视觉调整过程以及人的动作滞后，地下已经建成了稳定的电场。现代仪器由于计算机的控制，一次场的判读时间虽然一般不会在供电波动的初始段，但这种危险是存在的，其作用有多大还值得探讨，需要一系列的试验工作。

（2）激发极化影响

因为激化极化现象不仅是公认的，而且利用这一现象开展勘查已经成为成熟的勘查手段之一。那么，激发极化现象对于高密度视电阻率法有没有影响，如果有影响，影响有多大，如果电位测量开始于电场没有平稳之前，那么这种影响是显而易见的。能够让人忽略的影响是测量时间是什么时候，换句话说，即哪一时刻测量可以认为是一次场标准电位差，能不能得到一个说法，这无疑也需要探讨。

（3）地下电容现象

实际上无论是电磁感应现象、激发极化现象，还是地下电容现象都直接影响直流电流的理论基础，它们的机理虽然不同，但是所造成的影响是相似的。电容的充电、放电与激发极化的特征是相似的；所不同的是，电容现象充电时间很快，放电却很慢，甚至较长时间地存储一部分电能，其能否影响下一个时段的测量数据，这种影响作用有多大，实际工作中能否忽略不计都需要探讨。

3. 高密度视电阻率法在大极距工作时功率不足所形成的弱异常及假异常

众所周知，目前的高密度电阻率仪采用的是计算机全自动技术，包括数据采集。一般电流分辨率可以到 mA，甚至是 μA，电压为 mV。也就是说，其分辨率远远高于一般的大地天然电场水平，尽管仪器在设计上采用了自动补偿功能，但是最终补偿结果如何还不得而知。当大极距工作且功率不足时，一般而言，仪器仍能有完整的数据采集，但这时数据的可信度有多大，如果数据显示有异常，那么有没有假异常出现，这一系列问题还值得探讨。

4. 测量电极

高密度视电阻率法与传统电法的一个显著差别就是高密度视电阻率法的测量电极和供电电极是同一电极，只是在不同时刻扮演着不同的角色。我们通常使用的电极都是金属电极，这样就带来了电极的接地电位差和电极极化现象对测量结果的影响。这种影响对高分辨率的浅部地质电性描述应当引起足够的重视。

5. 供电电流

众所周知，信噪比是数据能否利用的一项重要指标。由于高密度电阻率仪器多为集成电路控制，耐流小、散热差；加之电缆多为集合电缆，导线直径十分有限；所有这些都导致了高密度视电阻率法工作电流不能很大，最终导致采集的数据信噪比偏低。

6. 资料处理及资料解释

高密度视电阻率法因为是计算机自动控制、电极距小，所以采集数据的分辨率高，采集的数据可以描述地电的细节变化。在资料利用时，对宏观的地质解释就需要对原始数据进行后期的数据处理。比如，求取电性的区域变化形态、求取电性变化界面（梯度极值带）等。同理也存在提取细小变化特征，剔除宏观信息的做法。目前，对高密度视电阻率法数据进行数据处理的讨论深度还远远不够。

资料解释还面临解释手段单一，解释方法不完善等诸多问题。致使目前多数工作者对高密度视电阻率法数据不进行数据处理和不作反演计算，凭经验作主观的推断解释。

综上所述，认为高密度视电阻率法在理论研究、电磁感应现象、激发激化现象、地下电容影响等方面存在一定的疑问值得探讨，但由于其成果的直观性，探测结果适合在初步勘察阶段对岩溶发育场地进行初步划分。

1.2.4 钻探结合地震波 CT 法

地震波 CT 技术又称地震层析成像技术，其特点是能够在不损坏物体的前提下，得到物体内部的物理参数分布及几何形态等信息。它一般是通过接收在物体外部发射并且穿过物体而携带有物体内部各种信息的物理信号，利用计算机重建技术，重现物体内部结构。地震层析成像技术能够通过接收炮点与检波点之间的地震波旅行时，利用计算机技术反演得到勘探区域的速度结构，从而为解决上述问题提供切实可行的方法。地震波 CT 的程序步骤和算法如下：

1. 初至拾取

初至拾取也就是对初至波的到达时间的记录，这是进行层析反演计算的基础数据。数据的好坏直接关系到层析成像效果的好坏。如果进行实际资料计算时，初至拾取则为野外采集所得数据；若为理论模型的计算，则是在理论模型上进行正演计算所得的初至波旅行时。

2. 建立初始模型

初始模型的建立，就是按照实际模型的地表起伏给定一假设的速度场。为方便起见，这个速度场可以是从地表开始以某一初始速度以相同的梯度往下递增。这一初始速度可以同先验知识给出，又或者从初至拾取中获得。炮-道比较接近时，可以把地震波看作直线传播，已知炮检距及初至时间就可以算出地表速度。初始模型的深度一定要够大，能够让射线自由地传播，不会出现遇到模型底部强迫反射的现象。

3. 射线追踪

射线追踪的准确与否是影响层析成像的关键。日本科学家 Aszkawar 提出的 LTI 算法具有高效率和高精度。LTI 算法基于 Fermat 原理，即地震波沿着一条传播时间最短的路径进行传播。该方法把模型离散成均匀的正方形单元，旅行时和射线路径的确定只与单元边界上的点有关。假设单元边界上任一点的旅行时可由该边界上相邻两个离散点的旅行时线性插值得到。考虑到要反演地下速度结构，对纵向的分辨率要求要高，所以网格纵向长度要比横向长度小。网格取得越小，分辨率越高，但计算量和数据存储量同时也会加大，所以要综合考虑计算效率以及内存因素。在对模型离散化时，采用矩形网格，计算节点只取网格线的交点。

4. 速度场层析成像

本项目采用改进后的 SIRT 探测结果进行层析成像技术，其处理步骤如下：

（1）假设初始模型的第 j 个网格中的慢度为 S_j，第 k 个炮点对应的接收点有 N_k 个；其中，$j=1, 2, \ldots, M$（M 为网格总数）；$k=1, 2, \cdots$，NUM（NUM 为炮点总数）。

（2）利用前面的射线追踪方法，得到该炮点的每个接收点的理论走时 P_n：

$$P_n = \sum_{j=1}^{M} a_{nj} S_j, \quad n=1,2\cdots,N_k \tag{1-1}$$

式中，a_{nj} 为由射线追踪得到的第 n 条射线在第 j 个网格内射线长度。

（3）求出该炮点的每个接收点实际拾取走时 T_n 与理论走时 P_n 之差 Δt_n：

$$\Delta t_n = T_n - P_n, \quad n=1,2\cdots,N_k \tag{1-2}$$

（4）设第 n 条射线在第 j 个网栓内的慢度修正值 c_{nj}，则：

$$\sum_{j=1}^{M} a_{nj} c_{nj} = \Delta t_n, \quad n=1,2\cdots,N_k \tag{1-3}$$

设修正值 c_{nj} 正比于第 j 个网格为射线通过的路径 a_{nj} 与该射线长 R_n 之比，即：

$$c_{nj} = a_n \frac{\alpha_{nj}}{R_n}, \quad n=1,2\cdots,N_k \tag{1-4}$$

式中，α_n 是第 n 条射线的比例常数，R_n 是第 n 条射线的全长：

$$c_{nj} = a_n \frac{a_{nj}}{R_n}, \quad n=1,2,\cdots,N_k \tag{1-5}$$

将式（1-4）、式（1-5）代入式（1-3），并整理简化，可得：

$$c_{nj} = \Delta t_n \frac{a_{nj}}{\sum_{j=1}^{M} (a_{nj})^2}, \quad n=1,2,\cdots,N_k \tag{1-6}$$

$$c_j = c_j + \sum_{n=1}^{N_k} c_{nj} \tag{1-7}$$

式中，c_j 为第 j 个网格的累计修正量，在算第一个炮点之前初始化为 0。

（5）重复步骤（2）～（4），计算第 $k+1$ 个炮点，直到计算完 NUM 个炮点。

（6）求每个网格的平均修正值，设计算完 NUM 个炮点后，经过第 j 个网格的射线总条数为 Y_j，则每个网格的平均修正值为：

$$c_j = \frac{c_j}{Y_j}, \quad n = 1, 2, \cdots, N_k \tag{1-8}$$

（7）用平均修正值对第 j 个网格的慢度值 S_j 进行修正，即：

$$S_j = S_j + c_j, \tag{1-9}$$

在修正后，S_j 值需受下列物理条件的约束，即：

$$S_{min} \leqslant S_j \leqslant S_{max}, \tag{1-10}$$

$$若 S_j < S_{min}, \quad 则取 S_j = S_{min};$$

$$若 S_j > S_{max}, \quad 则取 S_j = S_{max};$$

S_{min} 和 S_{max} 为介质慢度的范围，不同的介质，慢度值的范围不同。直到这里，便完成了一次迭代。从上面的计算步骤可以看出，SIRT 不是用一条射线的修正值 c_{nj} 来对慢度 S 进行修正的，而是将所有射线得到的修正值保存下来，在本轮对射线迭代结束后，求所有射线在网格内的修正值的平均值来对慢度 S_j 进行修正。

为了提高解的可靠性，对穿过射线总条数少于 3 条的网格的慢度不作处理，而是用以下的插值方法得到。因为射线是有限的，不可能所有的网格里都会有射线经过，没有射线经过的网格，其慢度就得不到修正。没有修正值的网格则可以通过周围有修正值的网格慢度插值得到。采用的插值方法是反距离平方法，即把未知点与已知点的距离作为权重因子，未知点与已知点的距离越近，其权重越大，反之越小，权重由距离平方的反比给出，表达式为：

$$S = \left(\sum_{i=1}^{m} \frac{S_i}{d_i^2} \right) \bigg/ \left(\sum_{i=1}^{m} \frac{1}{d_i^2} \right) \tag{1-11}$$

式中，S 为未知点，即需要插值得到的网格慢度；S_i 为已知点，即周围已修正过的第 i 个网格慢度；d_i 是未知点到第 i 个已知点的距离，m 为参与插值的已知点的个数。

假设第 q 次迭代得到的 S_j 用 $S_j^{(q)}$ 来表示，对求得的 S_j 值，用下式判断其收敛程度：

$$|S_j^{(q)} - S_j^{(q-1)}| < \varepsilon \tag{1-12}$$

如果式（1-12）成立，则认为 S_j 值达到预定的收敛要求，否则以此时的 S_j 值作为初始值再做下一轮迭代，直到满足式（1-12）的条件时停止。

1.3　本章练习题

1. 岩土工程勘察中常用方法有哪些？
2. 简述探地雷达的适用范围和优势。
3. 简述陆地声呐法的主要特征。
4. 常用桩位溶洞探测技术有哪些？适用的阶段和地质环境是什么？有哪些优缺点？
5. 陆地声呐法在工程应用中存在哪些问题？
6. 高密度视电阻率法探测准确性差的原因有哪些？
7. 地震层析成像技术的程序步骤有哪些？

第2章

岩土中的应力测量技术

2.1　土中的应力测量

　　土中应力测量分为两种类型，一类是在界面处的应力称为接触应力，如基础底面、挡土墙背处（包括深基坑支撑和土层的接触面处）、地下洞室衬砌外侧、桩周界面处、双层地基界面处，深埋管道底部或外侧，这些都是在两种材料的交界处。另一类是在土体内部，如地基内部、边坡体内部，还有厚衬砌内部、地下连续墙内部（严格说，后两种情况不是土中应力）。

　　测土中应力要求介质是连续介质，也就是说仪器埋设处应是连续介质，而且仪器埋设处要有代表性。这就要求不论是界面还是土体内部，不应该处于非均匀状态或是有孔洞或有应力集中现象。如在岩体中测试应灌浆填塞，封堵裂隙，使之成为近似于弹性连续介质。在土体中测试时，要求通过手工操作使土体至少使仪器埋设处成为弹性、均匀连续介质。这才符合材料力学、弹性力学的基本假定，具备测试正确性的基本前提。

2.2　土压力盒测量原理及技术

　　钢弦（振弦）式土压力计（盒）的构造如图 2-1 所示。这种土压力计早些年由辽宁省丹东市生产，近年来在北京、南京、广州等地生产的土压力计更先进，其工作原理是金属薄膜与土直接接触，金属薄膜内表面的两个支架张拉着一根钢（振）弦，金属薄膜受到压力后发生挠曲伸长变形，钢（振）弦振动，其自振频率相应变化，可用频率仪测定频率。当弦的自振频率发生变化时，线圈磁阻发生变化，使线圈的感应电动势发生变化，其变化频率与弦的振动频率相同，薄膜的位移与频率的平方呈正比。测得了频率，就知道了薄膜位移，再通过反分析法反推可得受力大小。事先通过仪表率定（标定）得到压力与频率间的关系，就可以用于实际测定。

　　实测中还有一个温度变化问题。由于金属薄膜和钢（振）弦中因温度变化

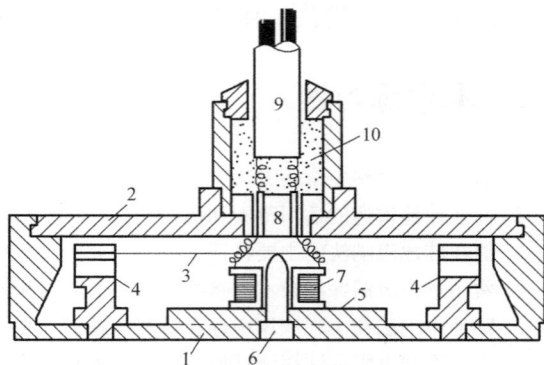

1—金属薄膜；2—外壳；3—钢弦；4—支架；5—底座；6—铁芯；
7—线圈；8—接线栓；9—屏蔽线；10—环氧树脂封口

图 2-1　一种钢弦式土压力盒示意图

产生同样的应变，因而可以得到自动补偿。压力计的适用温度为－25～＋60℃，可以满足现场测量要求。

钢（振）弦式土压力计（盒）广泛应用于土石坝、堤岸、高层建筑地基基础、管道地基基础、桥墩、挡土墙、隧道、地下铁道、机场、公路、防渗墙等建（构）筑物中。

测量大面积土体上部的接触压力时，可埋设多个土压力计（盒），以求平均值。

测量土体内部压力时要注意，安置土压力计时不得改变土中应力状态，这就要求压力计（盒）的直径与厚度之比达到一定值，以尽量减少误差。土压力盒测量作用于水平面上的垂直压力时比较准确。

在永久（或临时）支撑中测量结构所承受的荷载时，要避开支撑端部应力分布不均匀的影响，安置压力计要离开端部一定距离。当支撑材料弹性模量不稳定时（例如木支撑），应变就不可靠，甚至不能用。还要注意水分、水蒸气渗入压力盒产生的影响，压力盒本身必须密封。

2.3 地应力测量原理及类型

2.3.1 地应力的概念

广义地说，地应力就是地层（地壳）中，在人类工程活动之前就已存在的某种应力状态，也称初应力、原始应力。地层（地壳）中包括土中和岩石中的应力（压力）测量前文已经介绍过，这里着重介绍岩体（层）中的地应力测量。

岩体中地应力是如何形成的？是由于岩体自重、温度应力、岩体中的水压力、气压力，以及地质构造应力及其影响因素所致。所谓构造应力即构造运动（地壳运动）包括建造和改造（形变和相变）所形成的断裂（节理、裂隙和断层）、褶皱、变质（热力、动力）、不整合等在岩体内部即构造带上及周围积聚的应力状态，当然还要看当地的应力释放或封存条件。地应力存在的影响因素有：原来积聚的应力（能量）大小、后来的地质构造（地应力加剧、改变、释放）、地层和地形变化（沉积、剥蚀）及其他一些影响因素（如人类的工程活动）。

从地质历史上看，地应力（能量）在地质构造中消耗一部分，还会自然释放一部分，同时还会残余（留）一部分，所以有人也把地应力称为残余地应力。残余地应力（能量）有活动性，在一定条件下会表现出活动能量，称为活动的构造应力（地应力），如矿山中的岩爆、水利水电工程中边坡破坏、深埋洞室中的围岩破坏、新构造运动甚至地震等，这些都是因地应力变化引起的。对活动的地应力（构造应力），应当格外用心，精心勘察、精心设计、精心施工，尽量减少（轻）它的破坏作用。还可以把残余地应力的有害作用转化为有利作用，比如在地应力积聚的地方通过深钻孔使地应力提前释放，可以避免大的地震或诱发地震发生，世界上已有成功案例。

2.3.2 地应力的主要特征

地应力既然是一种力，必然有大小（包括三维中各应力分量之间的关系）、方向、作用位置。地应力的作用方向、作用位置要靠地质、地质力学、岩体力学及专业的技术来判定，靠钻探来证实。对于地应力的大小，在 1878 年，瑞士地质学家海姆（A·Heim）提出静水压力假定，他认为某深处地应力等于其上覆岩体自重，该观点没有考虑构造运动的巨大影响，只表示人们当时（初始）对地应力的认识水平。1912—1926 年，苏联学者金尼克给出了弹性理论表达式，即：

$$\left.\begin{array}{l} \text{垂直应力 } \sigma_v = \gamma H \\[2mm] \text{水平侧压力 } \sigma_h = \dfrac{\mu}{1-\mu}\sigma_v \end{array}\right\} \tag{2-1}$$

式中　γ——上覆岩（土）体重度（kN/m^3）；

　　H——测量点上覆地层厚度（m）；

　　μ——泊松比。

以式（2-1）去解释海姆静水压力假定，相当于海姆取了 $\mu=0.5$ 的特例。金尼克也没有考虑构造应力。在岩体中不考虑构造应力，会使地应力计算或测量产生较大误差。

如前所述观点，计算时应全面考虑地应力，它有哪些主要特征呢？

（1）地应力场各应力分量，一般表现为压应力。除靠近地表以外，沿深度变化基本上可用线性方程表示，常常呈折线形，其大小、方向和区域控制构造应力场一致。

（2）三个应力分量中最大主应力 $\sigma = \sigma_{hmax}$，即水平应力分量中的一个，另一个水平应力分量 σ_h 是 ϕ 值主应力，在较浅部是这样；在一定深度（约为 500m）以下，最大主应力 $\sigma_1 = \sigma_v$。由此看来，在较浅部位，压力系数 $K = \sigma_h/\sigma_v > 1.0$，甚至 $K \gg 1.0$；在较深部位 $K < 1.0$。

（3）在较浅部位，垂直主应力 $\sigma_v = \gamma H$，误差不大（σ_v 值大于 γH 者多数）；当深度 $>$（1~2）km 时再按 $a_v = \gamma H$ 计算，有时误差就很大，数值也分散。这正是构造应力起了重要作用。

（4）实践证明，当构造应力 $\sigma_{hmax} > \sigma_{hmin} > \sigma_v$，容易产生逆、冲断层；当 $\sigma_{hmax} > \sigma_v > \sigma_{hmain}$ 时，容易产生走向断层；当 σ_v 为最大主应力时，容易产生上盘下降的正断层。

2.3.3　地应力测量的简况

1932 年，美国垦务局在哈佛水坝泄水隧洞中用表面应力解除法测量围岩应力状态；1952—1953 年瑞典哈斯特（N·Hast）发明了压磁式应力计并在斯堪的纳维亚半岛几个矿区进行钻孔浅层地应力测量，因此常说地应力测量由哈斯特开始。有趣的是，哈斯特实测的水平方向地应力普遍大于垂直地应力，而且大得多。

中国的地应力测量在李四光、陈宗基的倡导和带领下于 20 世纪 50 年代后期开始研制设备并实践。20 世纪 70 年代中国许多科研单位、大型生产单位先后开始了地应力研究和实测工作，取得了重要成果。

地应力研究、测量的方法及类型有：

（1）岩体表面应力测量技术

岩体表面应力测量可分为表面应力解除测量法和表面应力恢复测量法。本章介绍应力恢复法。

（2）浅钻孔应力解除技术

浅钻孔应力解除技术可分为孔壁应变地应力测量技术、孔径变形测量法、孔底应变测量法。本章介绍浅钻孔孔壁应变法测量技术，设备为长江科学院研制成功的 CJS-I 型钻孔三向应变仪（计）。浅钻孔深度不超过 100m，常用的只有几十米。

（3）深钻孔地应力测量技术

现代地下工程埋深很大，深钻孔可达几百米。

（4）水力压裂法地应力测量技术

这种测量技术测量深度更大，要满足现代地下工程的需要，如核废料储存、现代国防工程、超高压水工隧洞等。

2.4 岩体表面应力恢复测量

首先根据地质力学、岩体力学、地质构造线（如断层走向、褶皱轴线等）确定测点小区岩体最大主应力方向；然后在已知主应力方向上布置测量元件，在垂直主应力方向上凿槽，记录测点处解除应变值（回弹）；最后在凿槽中埋设压力枕（扁千斤顶），用扁千斤顶加压，如图 2-2 所示。岩体的应变不是瞬间完成的，当扁千斤顶压力达到（恢复到）凿槽时所记录的解除应变值，并超过岩体的残余变形时，超过残余变形的原理和超过的数值大小要根据同一测点岩样的应力应变曲线及卸荷再加荷曲线确定。

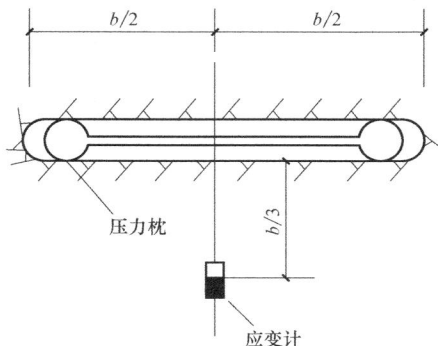

图 2-2　扁千斤顶加压

应力恢复法为国际岩石力学会试验方法委员会所建议的方法，具有下列优点：

（1）能直接测得岩石应力，直观性强，岩石弹性常数不参与计算，避免了由此产生的误差。

（2）压力枕尺寸要比应力解除的岩芯大得多，符合岩体综合性受力条件，避免了应力应变关系受测试地点、地质条件的影响，测试也适合于裂隙发育的岩体。

（3）可获得部分应力解除和应力恢复全过程的实测数据，有利于对试验资料的正确判断。

（4）在已知主应力方向时，就能测定。如已知主应力方向如大矿柱、大桥墩、大型地下洞室衬砌等，用此法测定主应力大小，十分简便、迅速。

应用应力恢复法测地应力应注意的几个技术问题是：

（1）测量元件（应变计）的选用。测量元件选用电阻丝应变片，粘结位置必须平整磨光，该应变片长度小，精度与灵敏度高，应精心操作。测量元件布置在压力枕一侧或两侧。

（2）放置压力枕处要先钻小孔而后使其相互连通成槽，应注意槽形对称，两侧面平整光滑使岩体受力均匀。埋设压力枕时，水泥砂浆要填塞密实并与围岩均匀接触，槽宽稍大于压力枕厚度。压力枕在试验之前要标定（率定），标定曲线的线性和重复性要好。

（3）要特别做好测量元件（电阻丝应变片）的防潮、隔热处理，一般是加罩（一层或多层），要密封好。

地应力测试结果为工程设计和施工提供确切依据，做到设计合理、施工安全，预防工程事故发生，还可预防新构造运动，预防和控制一些地质灾害，尽量以小的造价去完成工程建设项目。

2.5 浅钻孔应力解除孔壁应变法测地应力

在具有三维地应力的岩体中钻一钻孔，在钻孔附近岩体中产生二次应力场（图 2-3）。根据弹性力学孔附近应力集中理论（如 G. kirsch 理论及其扩展），孔附近的应力分量（为避开数学上的麻烦，也是工具条件，钻孔为圆孔）为：

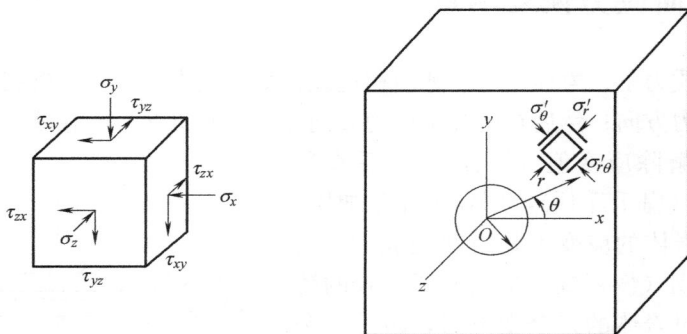

图 2-3　钻孔附近岩体中二次应力场分布示意图

$$
\begin{aligned}
\sigma_r &= \frac{\sigma_x+\sigma_y}{2}\left(1-\frac{a^2}{r^2}\right)+\frac{\sigma_x-\sigma_y}{2}\left(1+3\frac{a^4}{r^4}-4\frac{a^2}{r^2}\right)\cos2\theta-\tau_{xy}\left(1+3\frac{a^4}{r^4}-4\frac{a^2}{r^2}\right)\sin2\theta \\
\sigma_\theta &= \frac{\sigma_x+\sigma_y}{2}\left(1+\frac{a^2}{r^2}\right)-\frac{\sigma_x-\sigma_y}{2}\left(1+3\frac{a^4}{r^4}\right)\cos2\theta-\tau_{xy}\left(1+3\frac{a^4}{r^4}\right)\sin2\theta \\
\sigma_z &= -2\mu\left[(\sigma_x-\sigma_y)\frac{a^2}{r^2}\cos2\theta+2\tau_{xy}\frac{a^2}{r^2}\sin2\theta\right]+\sigma_{z0} \\
\tau_{r\theta} &= -\frac{\sigma_x-\sigma_y}{2}\left(1+2\frac{a^2}{r^2}-3\frac{a^4}{r^4}\right)\sin2\theta+\tau_{xy}\left(1+2\frac{a^2}{r^2}-3\frac{a^4}{r^4}\right)\cos2\theta \\
\tau_{\theta z} &= (\tau_{yz}\cos\theta-\tau_{zx}\sin\theta)\left(1+\frac{a^2}{r^2}\right) \\
\tau_{rz} &= (\tau_{yz}\sin\theta+\tau_{zx}\cos\theta)\left(1-\frac{a^2}{r^2}\right)
\end{aligned}
$$

$$(2-2)$$

式中　a——钻孔半径（cm）；

　　　r——测点径向距离（cm）；

　　　θ——半径与 x 轴的夹角，称为极角；

　　　μ——泊松比；

　　　σ_{z0}——地应力场中 z 轴向的初始正应力（kPa）。

钻孔孔壁应变测量用 CJS-I 型钻孔三向应变计（长江科学院研制），应变计（仪）直接粘贴在钻孔孔壁上，在孔周（$r=a$ 处）岩壁上粘贴三个应变丛（由几个应变片组成），序号用 i 表示，对应的极角为 θ_i，如图 2-4 所示。这样岩孔壁上应力分量与原岩应力分量的关系为：

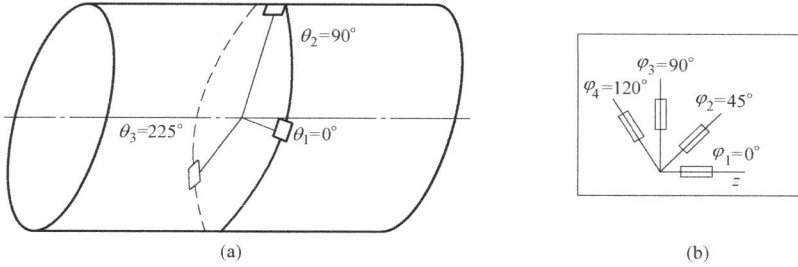

图 2-4　钻孔三向应变丛应变片布置形式

$$\left.\begin{aligned}
\sigma_{\theta i} &= K_1(\sigma_x + \sigma_y) - 2K_2[(\sigma_x - \sigma_y)\cos2\theta_i + 2\tau_{xy}\sin2\theta_i] \\
\sigma_{zi} &= -2\mu K_2[(\sigma_x - \sigma_y)\cos2\theta_i + 2\tau_{xy}\sin2\theta_i] + K_4\sigma_{z0} \\
\tau_{\theta\beta i} &= 2K_3(\tau_{yz}\cos\theta_i - \tau_{xz}\sin\theta_i) \\
\sigma_{ri} &= \tau_{ri\theta i} = \tau_{ziri} = 0
\end{aligned}\right\} \tag{2-3}$$

式中，K_1、K_2、K_3、K_4 为应力校正系数，对于钻孔三向应变计 $K_1 = K_2 = K_3 = K_4 = 1.0$。

CJS-I 型钻孔三向应变计布置三个应变丛（$\theta_i = 0°$、$90°$、$225°$），每个应变丛布置 4 个应变片（如图 2-4 所示，$0°$、$45°$、$90°$、$120°$）。利用孔壁上点应变状态之间的关系［式（2-4）］和弹性力学平面应力应变关系式即物理方程［式（2-5）］，得到应变观测值与孔壁应力的关系［式（2-6）］，即第 i 个应变丛第 j 个应变片的观测值：

$$\varepsilon_{ij} = \varepsilon_{zi}\cos^2\phi_{ij} + \varepsilon_{\theta i}\sin^2\phi_{ij} + \gamma_{zi\theta i}\sin\phi_{ij}\cos\phi_{ij} \tag{2-4}$$

$$\left.\begin{aligned}
\varepsilon_{zi} &= \frac{1}{E}(\sigma_{zi} - \mu\sigma_{\theta i}) \\
\varepsilon_{\theta i} &= \frac{1}{E}(\sigma_{\theta i} - \mu\sigma_{zi}) \\
\gamma_{zi\theta i} &= \frac{2(1+\mu)}{E}\tau_{ri\theta i}
\end{aligned}\right\} \tag{2-5}$$

$$E\varepsilon_{ij} = (\sigma_{zi} - \mu\sigma_{\theta i})\cos^2\phi_{ij} + (\sigma_{\theta i} - \mu\sigma_{zi})\sin\phi_{ij} + (1+\mu)\tau_{ri\theta i} \quad (i=1\sim3, j=1\sim4) \tag{2-6}$$

将式（2-3）代入式（2-6）并令 $K=4(i-1)+j$，得到孔壁应变值与岩体应力关系式，即观测值方程：

$$E\varepsilon_K = A_{K1}\sigma_x + A_{K2}\sigma_y + A_{K3}\sigma_z + A_{K4}\tau_{xy} + A_{K5}\tau_{yz} + A_{K6}\tau_{zx} \tag{2-7}$$

钻孔孔壁应变测量法一次可以获得 12 个观测值方程（$i=1\sim3$，$j=1\sim4$），求解 6 个应力分量即 σ_x、σ_y、σ_z、τ_{xy}、τ_{yz}、τ_{zx}，用最小二乘方法求解（可参考计算方法方面的书），属于测试数据整理方法，其精度可以满足绝大多数工程要求。

2.6　深钻孔地应力测量技术

上述 CJS-I 型钻孔三向应变计虽然得到了广泛应用，但是毕竟钻孔太浅，应用中钻孔深度只有 20m 以内，这种测试方法即使测量点位于钻孔周围扰动、松动圈以外，但浅钻孔套心应力解除也只局限于在孔周岩壁上进行测量，而且钻孔方向只适用于无水环境中水平或上斜孔，在许多情况下不能满足现代工程需要。

就现代地下工程而言，不仅规模大，而且埋得深（在地下水位以下），如水工高压隧洞、地下厂房、地下油库、核废料储存洞室、国防工程（地下飞机库、地下舰艇隐蔽部）等，浅钻孔技术不能满足要求。瑞典研制了一种深钻孔水下三向应变计，国外用于 510m 测量深度。中国长江科学院 20 世纪 80 年代引进了瑞典这项先进技术，国内应用于测量深度大于 300m。深钻孔水下三向应变计属于套心应力解除法中孔壁应变测量的一种。这种技术和水力压裂法技术都称为深钻孔地应力测量技术，根据工程需要应满足相关参数。

2.7　水力压裂法地应力测量技术

水力压裂法是深钻孔地应力测量中的主要方法，是研究深层岩体工程、地震工程、采油深井及地球物理工程破坏机理的主要依据。测量深度国外已达 5105m，国内已达 2000m。

水力压裂法地应力测量有三个假定：

（1）围岩是线性、均匀、各向同性的弹性体。

（2）围岩为多孔介质，注入的水在岩体裂隙中流动并服从达西定律。

（3）岩体中地应力的一个主应力方向平行于钻孔轴向。

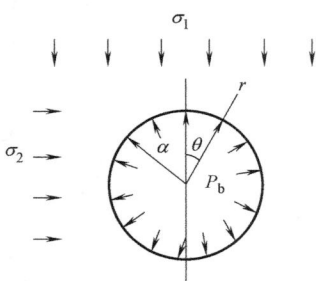

图 2-5　孔壁开裂力学模型

水力压裂法是利用可膨胀的橡胶封隔器（总长 3.4m，钻孔承压段长 1～2m）在已知深度处封隔一段钻孔后，通过水泵注水对封隔段钻孔施压，同时记录水压力随时间的变化，不断升高水压力（钻孔内压力），当岩石出现开裂时记下压力值，再换算成试验段的地应力及岩石抗拉强度。

水力压裂法的力学基本原理是弹性力学圆筒内、外受压力的应力分析，如图 2-5 所示，垂直钻孔半径为 a，水平方向地应力为 σ_1、σ_2，竖直压力为 σ_z，内水压力 P_b，钻孔围岩中的应力状态为：

径向应力用 σ_r 表示：

$$\sigma_r = \frac{\sigma_1+\sigma_2}{2}\left(1-\frac{\sigma^2}{r^2}\right)+P_b\frac{a^2}{r^2}+\frac{\sigma_1-\sigma_2}{2}\left(1-\frac{4\sigma^2}{r^2}+\frac{3\sigma^4}{r^4}\right)\cos2\theta \qquad (2-8)$$

切向（环向）应力用 σ_θ 表示：

$$\sigma_\theta = \frac{\sigma_1 + \sigma_2}{2}\left(1 + \frac{\sigma^2}{r^2}\right) - P_b\frac{a^2}{r^2} - \frac{\sigma_1 - \sigma_2}{2}\left(1 + \frac{3\sigma^4}{r^4}\right)\cos2\theta \qquad (2\text{-}9)$$

在 $r=a$ 处即自圆心的径向距离 $r=a$ 的孔壁处：

$$\left.\begin{aligned} \sigma_r &= P_b \\ \sigma_\theta &= (\sigma_1 + \sigma_2) - P_b - 2(\sigma_1 - \sigma_2)\cos2\theta \end{aligned}\right\} \qquad (2\text{-}10)$$

当 $\theta = 0°$ 时即图 2-5 平面图中竖轴上端，σ_θ 取得 $\sigma_{\theta\min}$ 值，即：

$$\sigma_{\theta\min} = 3\sigma_2 - \sigma_1 - P_b（主应力\ \sigma_1 > \sigma_2） \qquad (2\text{-}11)$$

当孔壁发生破裂时：

$$\sigma_\theta = -T_0（T_0\ 为岩石抗拉强度） \qquad (2\text{-}12)$$

根据耶格尔（J. C. Jeager）的研究推导和格里菲思（A. A. Griffith）理论，确定三个主应力按下述方法步骤确定。

（1）求得最小主应力。当关泵时，岩石停止劈裂，则 $\sigma_3 = p_{s0}$（p_{s0} 为关泵时的水泵压力）。将 σ_3 与 γh（h 为岩体深度）比较，如果 $\sigma_3 \approx \gamma h$，则 $\sigma_3 = \sigma_z$，（σ_z 为竖向自重应力）；如果 $\sigma_3 < \gamma h$，则 $\sigma_3 = \sigma_h$（最小水平向主应力）；如果 $\sigma_3 > \gamma h$，则需要比较 σ_1、σ_2，以确定哪个是最小主应力。

（2）计算岩体的抗拉强度 $T_0 = P_s - P_{s0}$（P_s、P_{s0} 分别为岩石开裂时稳定压力和关泵时水泵压力）。

（3）计算最大主应力 $\sigma_1 = \sigma_3 + 4T_0$。

（4）σ_3 的方向已知，当钻孔出现竖直裂隙时，则中间主应力 $\sigma_2 = (\sigma_1 + P_b - T_0)/3$ 或 $\sigma_2 = (\sigma_1 + P_{b0} + P_0)/3$（$P_b$ 为岩体初开裂时的内水压力，P_{b0} 为水泵重新开启时的压力，P_0 为钻孔岩体裂隙内的孔隙水压力）。

（5）根据钻孔孔壁开裂的方向性、已知情况及主应力本身的基本属性，确定主应力的方向。

应用水力压裂法测试地应力，应该注意以下几方面。

（1）钻孔岩壁上存在原生裂隙

在水力压裂法的假定中认为岩体是线性、均匀、各向同性的弹性体，实际上在钻孔岩壁破裂处即岩壁最薄弱部位可能有两种情况，一种是地质上有缺陷，即原生节理裂隙或软弱带，另一种是孔壁应力集中，拉应力最大部位。实际情况和基本假定不完全一致，这就产生一个原生裂隙闭合后的重新张开试验测试问题。

（2）单钻孔测量中竖直应力的估算

根据国内外地应力测试资料，竖直应力 $\sigma_v > \gamma h$（γ 为岩体重度，h 为地壳深度）者占大多数，$\sigma_v \approx \gamma h$ 者只占一部分或者只占少数，还有一部分情况 $\sigma_v < \gamma h$。所以按 $\sigma_v = \gamma h$ 确定竖直应力是不可靠的，还要了解构造应力状况。在深度大于 1km 以后，按 $\sigma_v = \gamma h$ 计算竖直应力误差不大，海姆假定还比较适用。

（3）孔隙水压力的测定问题

孔隙水压力在水力压裂法地应力测量资料中是必须具备的。孔隙水压力的观测方法和内容介于地下水位观测与地应变观测之间，钻孔应变状态也影响到水位变化。孔隙水压力测量是用专门仪器例如 KYJ-I 型孔隙水压力计在局部封闭的钻孔中进行。

（4）关于钻孔孔壁的破裂方向

水力压裂法地应力测量以拉应力破裂准则为基础，没有考虑轴向应力 σ_z、径向应力 σ_r 对钻孔壁围岩的约束作用。由式（2-11）可知：切向应力 σ_θ 随着内水压力的增大，由压应力逐渐变为拉应力，拉应力继续增加达到围岩的抗拉强度使围岩破裂。由上述分析，钻孔壁围岩只能产生平行于钻孔轴向（通常为竖向）的纵向破裂。

2.8 地应力测试结果的应用

（1）地应力场的分析模型

无论是二维还是三维地应力场，都是在承受荷载，包括自重应力场和构造应力场。逐步开挖相当于逐步卸荷的过程，所以地下工程、边坡工程的岩体力学实质上是岩体卸荷过程，通常我们使用的都是加荷过程，这不同于卸荷过程。

力学模型要便于数学分析，自重应力场、构造应力场都要确定边界条件。边界条件包括边界范围和边界约束，边界范围涉及应力场特征、计算机功能和储存量大小以及计算结果的精度。边界约束在自重应力场中包括竖向约束和侧向约束（开挖自由面除外），加荷包括自重和水压；边界约束在构造应力场中包括竖向约束和侧向约束（自由面除外），加荷为水平向呈梯形分布的荷载。

计算域内不同岩层、风化程度及地质构造条件的影响通过计算单元的物理、力学参数的设置和计算网格的疏密来反映。如果单元之间差异太大，也可以设置特殊的单元如裂隙单元。

（2）选择水工坝址，确保稳定安全

水工大坝坝址选择首要的是确保稳定安全。宜昌市三斗坪长江三峡大坝坝址属岩浆岩-花岗岩，岩性均一、岩体完整坚硬，力学强度高，饱和抗压强度达 100MPa。坝址区有两组断裂构造，规模不大且胶结良好，这说明构造应力（地应力）不大，实属难得。坝址位于岩浆岩结晶的黄陵背斜核部，没有新构造运动特征和孕育地震的发震构造，也说明构造应力（地应力）不大，是一个稳定性较高的刚性地块。

（3）选择最佳的地下洞室轴线

首先确定在工程区域起控制作用的主构造线方向（如断层走向、褶皱轴线等），最大主应力线和它垂直。工程的轴线如地下洞室、边坡、深基坑开挖的轴线应和主构造线方向垂直或高角度相交，这样相对利多害少。

（4）洞形的选择

洞形的选择和地应力（构造应力）关系更密切。当水平应力和竖向应力有不同的比例关系时，根据弹性力学洞周应力重分布和应力集中的原理和计算方法，洞壁会出现拉应力和巨大的压应力，引起围岩破坏。当水平应力大于竖直应力时，地下洞室适宜于横放椭圆（类似横放鸡蛋），国内外许多天然溶洞，跨高比大于 1.0 甚至远大于 1.0，多年来稳定，就是符合了稳定的力学原理。当竖直应力大于水平应力时，地下洞室适宜于竖放椭圆（类似竖放鸡蛋）。根据洞周应力集中的弹性力学原理，洞壁拐角处应力集中程度较高，所以洞壁圆滑些较好。如处在郯庐断裂带上的山东青泉寺输水隧洞，将城门洞形改为马蹄形，围岩稳定性就更好。

（5）底板和侧壁的内鼓破坏

在地下洞室、边坡、深基坑开挖、露天采场开挖中，如果地应力（构造应力）很大，工程设计和施工又有些不合理时（主要是地应力和工程开挖的方向），则会出现底板隆起、断裂，侧壁内鼓、断裂或滑塌。如美国、加拿大在大坝基坑，建筑基坑，露天采坑开挖时，都出现过坑底的隆起、裂开、错断、爆裂，最大隆起高度达 2.4m，最大错断距达 34cm，地应力高达 14.8MPa。上述破坏形式对露天采场还是有利的。中国葛洲坝水电站厂房基坑开挖中也出现轻度的边墙内鼓、错断。开挖对岩体是个卸荷的力学过程，必然引起内鼓、错断、缩径，可能造成施工支撑构件发生变形至破坏。

（6）合理确定洞室群间距

这个问题涉及地应力（构造应力）问题（包括大小和方向），又是一个复杂的弹性力学问题，比单洞设计要复杂得多。常通过弹性力学分析、数值计算和模型试验等方法综合解决。

（7）地下洞室的设计与施工

这个问题是个综合问题，包括洞室轴线确定、进出口位置的选择、洞形、施工顺序、支护类型（包括支护形式、材料、刚度及时间早晚）。地下工程的出、入口位置至关重要。除了要考虑岩体风化层厚度之外，就是地应力（构造应力）的大小、方向及可能引起边坡破坏包括隆起、褶曲、离层、断裂、滑塌失稳等。有关施工问题更加重要，施工开挖及顺序是卸荷岩体力学问题（过去研究得很不够），施工过程是许多技术问题的综合反应。支护的形式、材料、刚度及时间与地应力（构造应力）密切相关。新奥法（新奥地利隧道施工法）就是在应力、变形、时间三者之间找出一个最佳平衡点，该方法的创始人就是一位岩石力学、工程地质专家。

2.9 本章练习题

1. 土中应力测量的类型有哪些？
2. 简述土压力盒测量原理。
3. 地应力在岩体中如何形成？主要特征是什么？
4. 为什么地应力也被称为残余地应力？
5. 简述应力恢复法测量有何优点？
6. 什么是水力压裂法？水力压裂法的假定条件？主应力的确定方法？
7. 水力压裂法测量地应力的时需要注意哪些方面？
8. 地应力的测试结果的应用范围有哪些？
9. 简述地应力测试结果在洞形选择和地下室设计施工方面的应用。

第3章

岩土的原位测试技术

原位测试一般是指在现场基本保持地基土的天然结构、天然含水率、天然应力状态的情况下测定地基土的物理-力学性质指标的试验方法。通过这些方法测定地基土的物理力学指标，进而依据理论分析或经验公式评定岩土的工程性能和状态。原位测试不仅是岩土工程勘察与评价中获得岩土体设计参数的重要手段，而且是岩土工程监测与检测的主要方法，并可用于施工过程中或地基加固处理后地基土的物理-力学性质及状态的变化检测。

原位测试的优点不仅是对难以取得不扰动土样或根本无法采样的土层能通过现场原位测试获得岩土的参数，还能减少对土层的扰动，而且所测定的土体体积大，代表性好。

原位测试很多项目并不直接测定土层的物理或力学指标，成果的应用依赖于经验关系式或半经验半理论公式。各种原位测试方法都有其自身的适用性，一些原位测试手段只能适应于一定的地基条件，应用时需加以区别。

本项目介绍了岩土测试技术在岩土工程中常用的现场测试主要试验方法，如静力载荷试验、静力触探试验、动力触探试验、十字板剪切试验、扁铲侧胀试验、现场剪切试验等。

3.1 静力载荷试验

3.1.1 概述

静力载荷试验（Plate Loading Test）是一种最古老的并被广泛应用的土工原位测试方法。该方法是在拟建建筑场地开挖至预计基础埋置深度的整平坑底放置一定面积的方形（或圆形）承压板，在其上逐级施加荷载，测定各相应荷载作用下的地基沉降量。根据试验得到的荷载-沉降关系曲线（p-s 曲线），确定地基土的承载力，计算地基土的变形模量。由试验求得的地基土承载力特征值和变形模量综合反映了承压板下 $1.5 \sim 2.0$ 倍承压板宽度（或直径）范围内地基土的强度和变形特性。

3.1.2 常规法静力载荷试验

1. 常规法静力载荷试验的基本原理

根据地基土的应力状态，p-s 曲线一般可划分为三个阶段，如图 3-1 所示。第一阶段：从 p-s 曲线的原点到比例界限荷载 p_0，p-s 曲线呈直线关系。这一阶段受荷土体中任

意点处的剪应力小于土的抗剪强度，土体变形主要
由于土体压密引起，土粒主要是竖向变位，称为压
密阶段。

第二阶段：从比例界限荷载 p_0 到极限荷载 p_u，
p-s 曲线转为曲线关系，曲线斜率 $\Delta s/\Delta p$ 随压力 p
的增加而增大。这一阶段除土的压密外，在承压板
周围的小范围土体中，剪应力已达到或超过了土的
抗剪强度，土体局部发生剪切破坏，土粒兼有竖向
和侧向变位，称为局部剪切阶段。

第三阶段：极限荷载 p_u 以后，该阶段即使荷载
不增加，承压板仍不断下沉，同时土中形成连续的

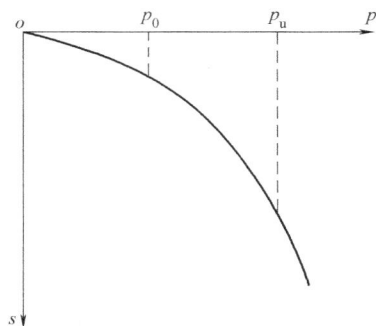

图 3-1　静力载荷试验 p-s 曲线

剪切破坏滑动面，发生隆起及环状或放射状裂隙，此时滑动土体中各点的剪应力达到或超
过土体的抗剪强度，土体变形主要由土粒剪切引起的侧向变位，称为整体破坏阶段。

根据土力学原理，结合工程实践经验和土层性质等对试验结果的分析，正确与合理地
确定比例界限荷载和极限荷载是确定地基土承载力基本值和变形模量的前提，从而达到控
制基底压力和地基土变形的目的。

2. 静力载荷试验设备

常用的静力载荷试验设备一般都由加荷稳压系统、反力系统和量测系统三部分组成。

（1）加荷稳压系统：包括承压板、加荷千斤顶、稳压器、油泵、油管等。

（2）反力系统：有堆载式、撑臂式、锚固式等多种形式。

（3）量测系统：荷载量测一般采用测力环或电测压力传感器，并用压力表校核。承压
板沉降量测采用百分表或位移传感器。

静力载荷试验设备结构如图 3-2 所示。

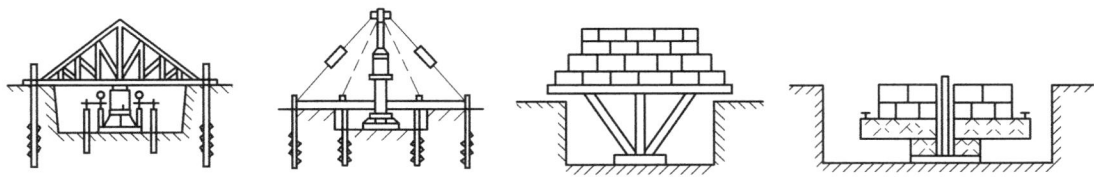

图 3-2　静力载荷试验设备结构

3. 试验要求

承压板面积不应小于 0.25m^2，对于软土不应小于 0.5m^2。岩石载荷试验承压板面积
不宜小于 $0.07\ \text{m}^2$。基坑宽度不应小于承压板宽度或直径的 3 倍，以消除基坑周围土体的
超载影响。

应注意保持试验土层的原状结构和天然湿度。承压板与土层接触处，一般应铺设
不超过 2mm 的粗、中砂找平，以保证承压板水平并与土层均匀接触。当试验土层为
软塑、流塑状态的黏性土或饱和的松砂，承压板周围应预留 $20\sim30\text{cm}$ 厚的原土作保
护层。

试验加荷标准：加荷载等级不应小于 8 级，可参考表 3-1 选用。

每级荷载增量参考值 表 3-1

试验土层特征	每级荷载增量(kPa)
淤泥、流塑黏性土、松散砂土	<15
软塑黏性土、粉土、稍密砂土	15~25
可塑—硬塑黏性土、粉土，中密砂土	25~50
坚硬黏性土、粉土、密实砂土	50~100
碎石土、软岩石、风化岩石	100~200

沉降稳定标准：每级加荷后，按间隔 5min、5min、10min、10min、15min、15min 读沉降，以后每隔半小时读一次沉降。当连续两小时每小时的沉降量小于或等于 0.1mm 时，则认为本级荷载下沉降已趋稳定，可加下一级荷载。

极限荷载的确定：当试验中出现下列情况之一时，即可终止加载。

（1）承压板周围的土明显侧向挤出；

（2）沉降 s 急骤增大，荷载-沉降（p-s）曲线出现陡降段；

（3）某一荷载下，24h 内沉降速率不能达到稳定标准；

（4）$s/b > 0.06$（b 为承压板宽度或直径）。

满足前三种情况之一时，其对应的前一级荷载定为极限荷载。

4. 静力载荷试验资料整理

（1）校对原始记录资料和绘制试验关系曲线

在载荷试验结束后，应及时对原始记录资料进行全面整理和检查，求得各级荷载作用下的稳定沉降值和沉降值随时间的变化，由载荷试验的原始资料可绘制 p-s 曲线、$\lg p$-$\lg s$、$\lg t$-$\lg s$ 等关系曲线。这既是静力载荷试验的主要成果，又是分析计算的依据。

（2）沉降观测值的修正

根据原始资料绘制的 p-s 曲线，有时由于受承压板与土之间不够密合、地基土的前期固结压力及开挖试坑引起地基土的回弹变形等因素的影响，使 p-s 曲线的初始直线段不一定通过坐标原点。因此，在利用 p-s 曲线推求地基土的承载力及变形模量前，应先对试验得到的沉降观测值进行修正，使 p-s 曲线初始直线段通过坐标原点，如图 3-3 所示。

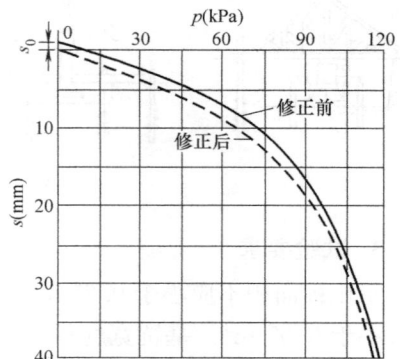

图 3-3 静力载荷试验 p-s 曲线修正

假设由试验得到的 p-s 曲线初始直线段的方程为：

$$s = s_0 + C \cdot p \qquad (3-1)$$

式中 s_0——直线段与纵坐标 s 轴的截距（mm）；

C——直线段的斜率；

p——荷载（kPa）；

s——与 p 对应的沉降量（mm）。

问题是如何解出 s 和 C，求得 s_0 和 C 值后可按下述方法修正沉降观测值。

比例界限点以前各点，按下式计算沉降修正值 s_i：

$$s_i = C \cdot p_i \tag{3-2}$$

式中　p_i——比例界限点前某级荷载（kPa）；

　　　　s_i——对应于荷载 p_i 的沉降修正值（mm）。

比例界限点以后各观测点，按下式计算沉降修正值 s_i：

$$s_i = s_i' - s_0 \tag{3-3}$$

式中　s_i'——对应于荷载 p_i 的沉降观测值（mm）。

s_0 和 C 的常见求解方法有最小二乘法，该方法是一种数理统计方法。按最小二乘法原理，式（3-1）的直线方程必须满足：

$$Q = \sum (s' - s)^2 \quad 最小 \tag{3-4}$$

式中　s'——沉降观测值（cm）。

式（3-4）可改写为：

$$Q = \sum (s' - s)^2 \tag{3-5}$$

$$Q = \sum [s' - (s_0 + Cp)]^2 \tag{3-6}$$

要满足式（3-6）的条件，必须有：

$$\partial Q / \partial s = 0 \ 和 \partial Q / \partial c = 0 \tag{3-7}$$

得

$$N s_0 + C \sum p - \sum s' = 0$$

$$s_0 \sum p + C \sum p^2 - \sum p s' = 0 \tag{3-8}$$

解方程组可得：

$$s_0 = \frac{\sum s' \cdot \sum p^2 \cdot \sum p s'}{N \sum p^2 - (\sum p)^2} \tag{3-9}$$

$$C = \frac{N \sum p s' - \sum p \cdot \sum s'}{N \sum p^2 - (\sum p)^2} \tag{3-10}$$

式中　N——比例界限点前的加荷次数（包括比例界限点）。

5. 静力载荷试验资料应用

（1）确定地基土承载力特征值（f_{ak}）的方法

① 强度控制法（以比例界限荷载 p_0 作为地基土承载力特征值）

p-s 曲线上有明显的直线段，一般采用直线段拐点所对应的荷载为比例界限荷载 p_0，取 p_0 为 f_{ak}。当极限荷载 p_u 小于 $2p_0$ 时，取 $1/2 p_u$ 为 f_{ak}。

② 相对沉降量控制法

当 p-s 曲线无明显拐点，曲线形状呈缓和曲线形时，可以用相对沉降 s/b 来控制，决定地基土承载力特征值。

如果承压板面积为 $0.25 \sim 0.5 \mathrm{m}^2$，可取 s/b（或 s/d）$= 0.01 \sim 0.015$ 所对应的荷载值。

同一土层中参加统计的试验点不应少于三点，当试验实测值的极差不超过其平均值的 30% 时，取平均值作为地基土承载力特征值。

（2）确定地基土的变形模量

土的变形模量应根据 p-s 曲线的初始直线段，按均质各向同性半无限弹性介质的弹性理论计算。一般在 p-s 曲线直线段上任取一点，取该点的荷载 p 和对应的沉降 s，可按下式计算地基土的变形模量 E_0（MPa）：

$$E_0 = I_0(1-\mu^2)\frac{pd}{s} \tag{3-11}$$

式中　I_0——刚性承压板的形状系数，圆形承压板取 0.785，方形承压板取 0.886；

　　　M——土的泊松比（碎石土取 0.27，砂土取 0.30，粉土取 0.35，粉质黏土取 0.38，黏土取 0.42）；

　　　d——承压板直径或边长（m）；

　　　p——p-s 曲线线性段的某级压力（kPa）；

　　　s——与 p 对应的沉降（mm）。

3.1.3　螺旋板载荷试验

螺旋板载荷试验是将螺旋形承压板旋入地面以下预定深度，在土层的天然应力条件下，通过传力杆向螺旋形承压板施加压力，直接测定荷载与土层沉降的关系。螺旋板载荷试验通常用以测求土的变形模量、不排水抗剪强度和固结系数等一系列重要参数，其测试深度可达 10～15m。

1. 试验设备

螺旋板载荷试验设备通常由以下四部分组成：

（1）承压板：呈螺旋板形，它既是回转钻进时的钻头，又是钻进到达试验深度进行载荷试验的承压板。螺旋板通常有两种规格：一种直径 160mm，投影面积 200cm^2，钢板厚 5mm，螺距 40mm；另一种直径 252mm，投影面积 500cm^2，钢板厚 5mm，螺距 80mm。螺旋板结构示意如图 3-4 所示。

（2）量测系统：采用压力传感器、位移传感器或百分表分别量测施加的压力和土层的沉降量。

（3）加压装置：由千斤顶、传力杆组成。

（4）反力装置：由地锚和钢架梁等组成。

螺旋板载荷试验装置示意图如图 3-5 所示。

2. 试验要求

（1）应力法。用油压千斤顶分级加荷，每级荷载对于砂土、中低压缩性的黏性土、粉土宜采用 50kPa，对于高压缩性土用 25kPa。每加一级荷载后，按 10min、10min、10min、15min、15min 的间隔观测承压板沉降，以后的间隔为 30min，达到相对稳定后施加下一级荷载。相对稳定的标准为连续观测两次以上沉降量小于 0.1mm/h。

（2）应变法。用油压千斤顶加荷，加荷速率根据土性的不同而取值，对于砂土、中低压缩性土，宜采用 1～2mm/min，每下沉 1mm 测读压力一次；对于高压缩性土，宜采用 0.25～0.5mm/min，每下沉 0.25～0.5mm 测读压力一次，直至土层破坏为止。试验点的垂直距离一般为 1.0m。

3. 试验资料整理与成果应用

螺旋板载荷试验采用应力法时，根据试验可获得载荷-沉降关系曲线（p-s 曲线）、沉降与时间关系曲线（s-t 曲线）；采用应变法时，可获得载荷-沉降关系曲线（p-s 曲线）。依据这些资料，通过理论分析可获得如下土层参数。

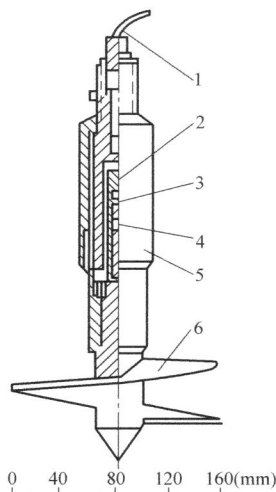

1—导线；2—测力仪传感器；3—钢球；
4—传力顶铰；5—护套；6—螺旋形承压板

图 3-4 螺旋板结构示意图

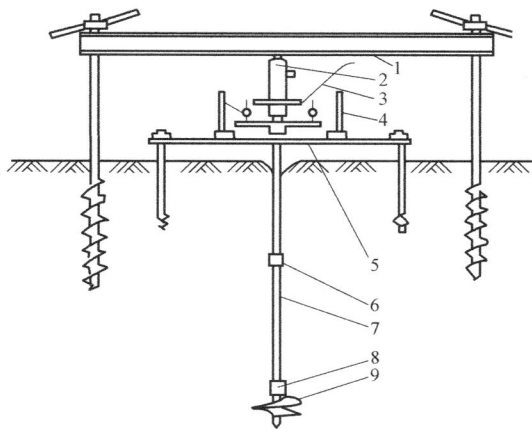

1—反力传置；2—油压千斤顶；3—百分表；4—磁性座；
5—百分表横梁；6—传力杆接头；7—传力杆；
8—测力传感器；9—螺旋形承压板

图 3-5 螺旋板载荷试验装置

（1）根据螺旋板试验资料绘制 p-s 曲线，确定地基土的承载力特征值，其方法与静力载荷试验相同。

（2）确定土的不排水变形模量 E_u

$$E_u = 0.33 \frac{\Delta p D}{\Delta s} \tag{3-12}$$

式中　E_u——不排水变形模量（MPa）；

　　　Δp——压力增量（MPa）；

　　　Δs——压力增量 Δp 所对应的沉降量（mm）；

　　　D——螺旋板直径（mm）。

（3）确定排水变形模量 E_0

$$E_0 = 0.42 \frac{\Delta p D}{s_{100}} \tag{3-13}$$

式中　E_0——排水变形模量（MPa）；

　　　s_{100}——在 Δp 压力增量下固结完成后的沉降量（mm）；

　　　其余符号同式（3-12）。

（4）计算不排水抗剪强度

$$c_u = \frac{P_l}{k \pi R^2} \tag{3-14}$$

式中　c_u——不排水抗剪强度（kPa）；

　　　P_l——p-s 曲线上极限荷载的压力（kN）；

　　　R——螺旋板半径（cm）；

　　　k——系数，对软塑、流塑软黏土取 8.0～9.5；其他土取 9.0～11.5。

（5）计算一维压缩模量 E_{sc}

$$E_{sc} = mp_a \left(\frac{p}{p_a}\right)^{1-a} \tag{3-15}$$

$$m = \frac{s_c}{s} \frac{(p-p_0)D}{p_a} \tag{3-16}$$

式中 E_{sc}——一维压缩模量（kPa）；

p_a——标准压力（kPa），取一个大气压 $p_a=100\text{kPa}$；

p—— p-s 曲线上的荷载（kPa）；

p_0——有效上覆压力（kPa）；

s——与 p 对应的沉降量（cm）；

D——螺旋板直径（cm）；

m——模数；

a——应力指数，超固结土取 1.0，砂土、粉土取 0.5，正常固结饱和黏土取 0；

s_c——无因次沉降系数，可从图 3-6 查得。

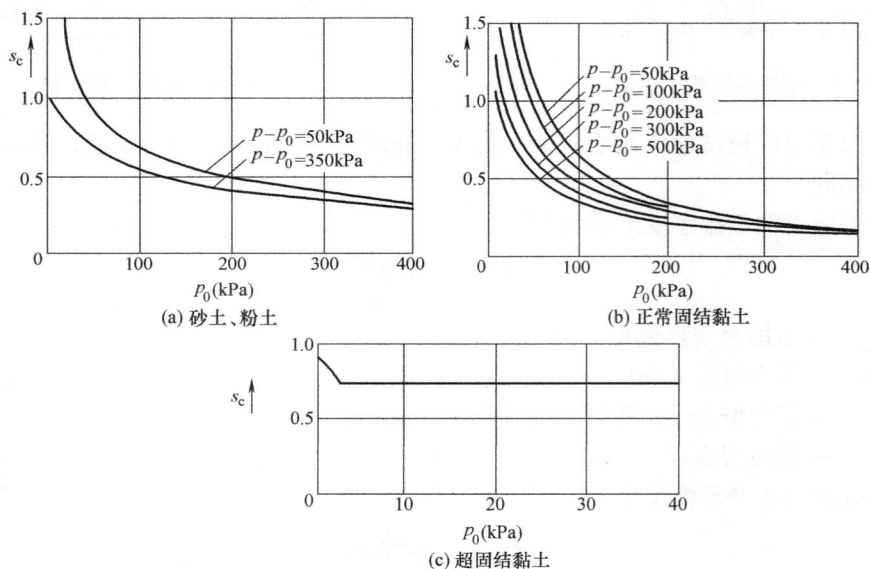

图 3-6 p_0-s_c 关系曲线图

（6）计算径向固结系数 C_r

根据试验得到的每级荷载下沉降量 s 与时间 t 的平方根绘制 s-t 曲线。Janbu 根据一维轴对称径向排水的固结理论，推导得径向固结系数 C_r 为：

$$C_r = T_{90} \frac{R^2}{t_{90}} \tag{3-17}$$

式中 C_r——径向固结系数（cm^2/min）；

R——螺旋板半径（cm）；

T_{90}——相当于 90% 固结度的时间因子取 0.335；

t_{90}——完成 90% 固结度的时间（min），可用作图法求得，见图 3-7：过 s-t 曲线初始直线段与 s 轴的交点，作一 1.31 倍初始段直线斜率的直线与 s-t 曲线相交，其交点即为完成 90% 固结度的时间 t_{90}。

螺旋板载荷试验就其在国内的发展情况来看，尚处于研究对比阶段，无论是设备结构，还是基础理论和实际应用都有待进一步开发、研究和推广。

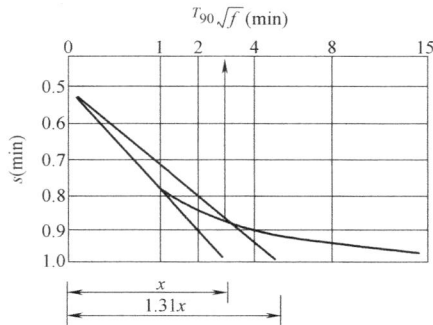

图 3-7 s-t 曲线图

3.2   静力触探试验

3.2.1   概述

静力触探是岩土工程勘察中使用最为广泛的一个原位测试项目，其基本原理就是用准静力（相对动力触探而言，没有或很少有冲击荷载）将一个内部装有传感器的标准规格探头以匀速压入土中，由于地层中各种土的状态或密实度不同，探头所受的阻力不一样，传感器将这种大小不同的贯入阻力转换成电信号，借助电缆传送到记录仪表记录下来，通过贯入阻力与土的工程地质特性之间的定性关系和统计相关关系，来实现获取土层剖面、提供浅基承载力、选择桩尖持力层和预估单桩承载力等岩土工程勘察目的。

静力触探试验具有勘探和测试双重功能，它和常规的钻探—取样—室内试验等勘察程序相比，具有快速、精确、经济和节省人力等特点。特别是对于地层变化较大的复杂场地以及不易取得原状土样的饱和砂土和高灵敏度的软黏土地层的勘察，静力触探更具有其独特的优越性。此外，在桩基勘察中，静力触探的某些长处，如能准确地确定桩尖持力层等也是一般的常规勘察手段所不能比拟的。

当然，静力触探试验也有其缺点，一是贯入机理尚难搞清，无数理模型，因而目前静探成果的解释主要还是经验性的；二是它不能直接识别土层，并且对碎石类土和较密实砂土层难以贯入，因此有时还需要钻探与其配合才能完成工程地质勘察任务。尽管如此，静探的优越性还是相当明显的，因而能在国内外获得极其广泛的应用。

3.2.2   静力触探的贯入设备

1. 加压装置

加压装置的作用是将探头压入土层中。国内的静力触探仪按其加压动力装置分手摇式轻型静力触探、齿轮机械式静力触探、全液压传动静力触探仪三种类型（图 3-8）。

目前国内已研制出用微机控制的静力触探车，使微机控制从资料数据的处理扩展到操作领域。

2. 反力装置

静探的反力装置有三种形式：（1）利用地锚作反力；（2）用重物作反力；（3）利用车辆自重作反力。

传动方式	液压传动式		机械传动式	
	单缸	双缸	电动丝杆	手摇链式
贯入能量	>80kN		30～150kN	<30kN
示意图	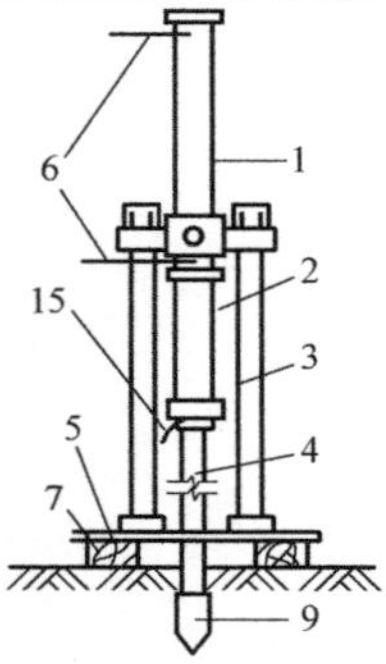	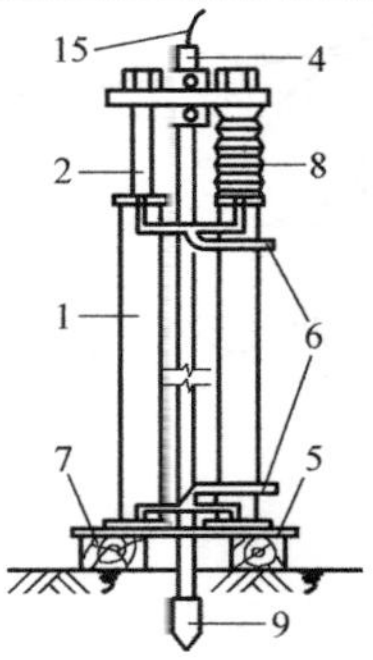	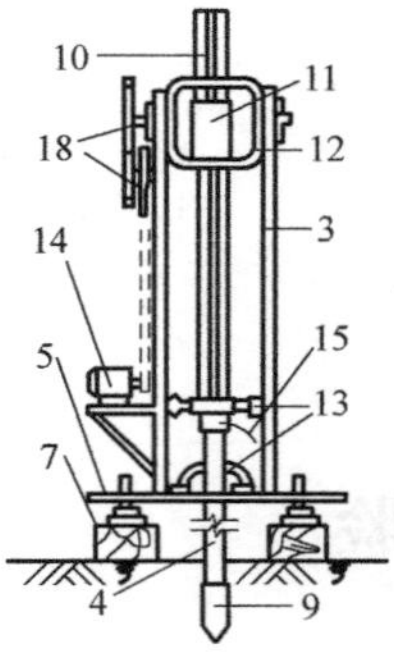	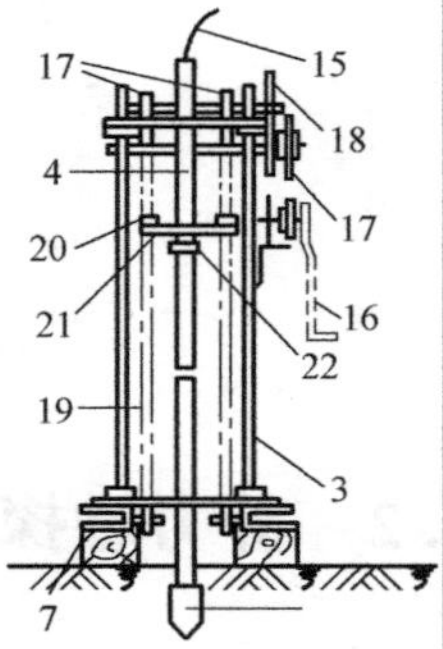

1—活塞杆；2—油缸；3—支架；4—探杆；5—底座；6—高压油管；7—垫木；8—防尘罩；9—探头；10—滚珠丝杆；11—滚珠螺母；12—变速箱；13—导向器；14—电动机；15—电缆线；16—摇把；17—链轮；18—齿轮皮带轮；19—加压链条；20—长轴销；21—山形压板；22—垫压块

图 3-8　常用的触探主机类型

3.2.3　静力触探探头

1. 探头的工作原理

将探头压入土中时，由于土层的阻力，使探头受到一定的压力；土层的强度越高，探头所受到的压力越大。通过探头内的阻力传感器，将土层的阻力转换为电信号，然后由仪表测量出来。为了实现这个目的，需运用三个方面的原理，即材料弹性变形的胡克定律、电量变化的电阻率定律和电桥原理（目前国内工程上常用的探头）。

静力触探就是通过探头传感器实现一系列量的转换：土的强度→土的阻力→传感器的应变→电阻的变化→电压的输出，最后由电子仪器放大和记录下来，达到获取土的强度和其他指标的目的。

2. 探头的结构

目前国内用的探头有两种，一种是单桥探头，另一种是双桥探头。此外还有能同时测量孔隙水压的两用（p_s-μ）或三用（q_c-μ-f_s）探头，即在单桥或双桥探头的基础上增加了能量测孔隙水压力的功能。

（1）单桥探头。由图 3-9 可知，单桥探头由带外套筒的锥头、弹性元件（传感器）、顶柱和电阻应变组成，锥底的截面积规格不一，常用的探头型号及规格见表 3-2。单桥探头有效侧壁长度为锥底直径的 1.6 倍。

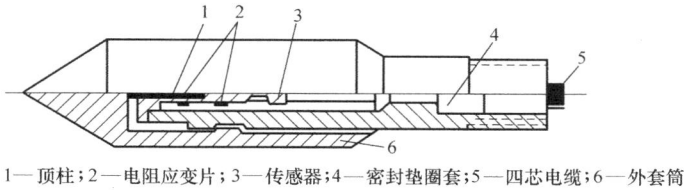

1—顶柱；2—电阻应变片；3—传感器；4—密封垫圈套；5—四芯电缆；6—外套筒

图 3-9　单桥探头结构

单桥探头规格　　　　　　　　　　　　　　　　　　　　　　表 3-2

型号	锥头直径 d_e(mm)	锥头截面积 A(cm^2)	有效侧壁长度 L(mm)	锥角 a (°)
I-1	35.7	10	57	60
I-2	43.7	15	70	60

（2）双桥探头。单桥探头虽带有侧壁摩擦套筒，但不能分别测出锥头阻力和侧壁摩擦力。双桥探头除锥头传感器外，还有侧壁摩擦传感器及摩擦套筒。侧壁摩擦套筒的尺寸与锥底面积有关。双桥探头结构如图 3-10 所示，其规格见表 3-3。

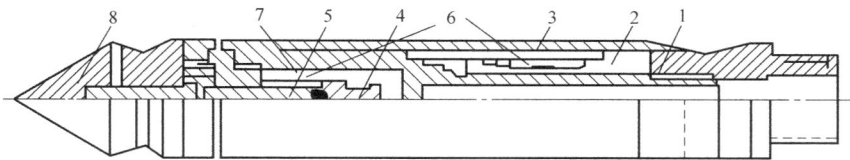

1—传力杆；2—摩擦传感器；3—摩擦筒；4—锥尖传感器；5—顶柱；6—电阻应变片；7—钢珠；8—锥尖头

图 3-10　双桥探头结构

双桥探头规格　　　　　　　　　　　　　　　　　　　　　　表 3-3

型号	锥头直径 d_e(mm)	锥头截面积 A(cm^2)	摩擦筒长度 L(mm)	摩擦筒表面积 s(mm^2)	锥角 a (°)
II-1	35.7	10	179	200	60
II-2	43.7	15	219	300	60

（3）孔压静力触探探头。如图 3-11 所示为带有孔隙水压力测试的静力触探探头，该探头除了具有双桥探头所需的各种部件外，还增加了由透水陶粒做成的透水滤器和一个孔压传感器。具有能同时测定锥头阻力、侧壁摩擦阻力和孔隙水压力的装置，同时还能测定探头周围土中孔隙水压力的消散过程。

3. 温度对传感器的影响及补偿方法

传感器在不受力的情况下，当温度变化时，应变片中电阻丝（亦称线栅）的阻值也会发生变化。与此同时，由于线栅材料与传感器材料的线膨胀系数不一样，使线栅受到附加拉伸或压缩，也会使应变片的阻值发生变化。这种热输出是和土层阻力无关的，因此必须

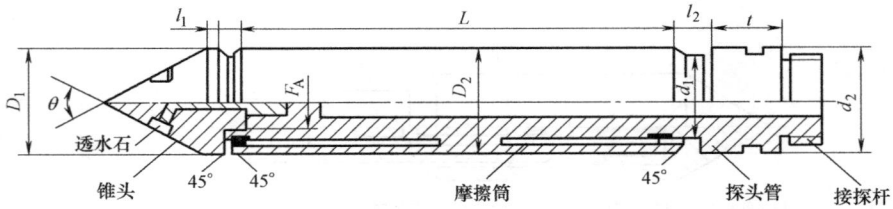

图 3-11　孔压静力触探探头

设法消除才会使测试成果有意义。在静探技术中，常采用在野外操作时初读数的变化，内业资料整理时将其消除的温度校正方法和桥路补偿法来消除热输出，这两种方法基本上可以把温度对传感器的影响控制在测试精度允许范围之内。

4. 探头的标定

探头的标定可在特制的标定装置上进行，也可在材料实验室利用 $50\sim100\mathrm{kN}$ 压力机进行，标定用测力计或传感器，精度不应低于 3 级。探头应垂直稳固放置在标定架上，并不使电缆线受压。对于新的探头应反复（一般 3～5 次）预压到额定荷载，以减少传感元件由于加工引起的残余应力。

3.2.4　静力触探量测记录仪器

目前，我国常用的静力触探测量仪器有电阻应变测量仪、自动记录仪、静探微机三种类型。

1. 电阻应变测量仪

手调直读式的电阻应变仪（YJD-1 和 YJ-5）现已基本不用，取而代之的为直显式静力触探记录仪。

该类型的仪器采用浮地测量桥、选通式解调、双积分 A/D 转换等措施，仪器精度高，稳定性好，同时具有操作简单、携带方便等优点，被许多单位选用。

2. 静探微机

静探微机主要由主机、交流适配器、接线盒、深度控制器等组成。目前国内常用的为 LMG 系列产品，该机可外接静力触探单、双桥探头（包括测孔隙水压的双桥探头）以及电测十字板、静载荷试验、三轴试验等低速电传感器。

静探微机具有两种采样方式，即按深度和按时间间隔两种。深度间隔的采样方式主要用于静力触探，时间间隔采样方式可用于电测十字板、三轴试验等，对数式时间间隔采样方式可用于孔隙水压消散试验等。

静探微机能采用人机结合的方法整理资料，能自动计算静力触探分层力学参数，自动计算单桩承载力，提供 q_c、f_c、E_s 等地基参数。

3.2.5　静力触探现场试验要点

1. 试验准备工作

（1）设置反力装置（或利用车装重量）。

（2）安装好压入和量测设备，并用水准尺将底板调平。

（3）检查电源电压是否符合要求。

（4）检查仪表是否正常。

（5）将探头接上测量仪器（应与探头标定时的测量仪器相同），并对探头进行试压，检查顶柱、锥头、摩擦筒是否能正常工作。

2. 现场试验工作

（1）确定试验前的初读数。将探头压入地表下 0.5m 左右，经过一定时间后将探头提升 10～25cm，使探头在不受压状态下与地温平衡，此时仪器上的读数即为试验开始时的初读数。

（2）贯入速率要求匀速，其速率控制在 1.2±0.3（m/min）。

（3）一般要求每次贯入 10cm 读一次微应变，也可根据土层情况增减，但不能超过 20cm；深度记录误差不超过 ±1%，当贯入深度超过 30m 或穿过软土层贯入硬土层后，应有测斜数据。当偏斜度明显时，应校正土层分层界限。

（4）由于初读数不是一个固定不变的数值，所以每贯入一定深度（一般为 2m），要将探头提升 5～10cm，测读一次初读数，以校核贯入过程初读数的变化情况。

（5）接卸钻杆时，切勿使入土钻杆转动，以防止接头处电缆被扭断，同时应严防电缆受拉，以免拉断或破坏密封装置。

（6）当贯入到预定深度或出现下列情况之一时，应停止贯入：①触探主机达到最大容许贯入能力，探头阻力达到最大容许压力；②反力装置失效；③发现探杆弯曲已达到不能容许的程度。

（7）试验结束后应及时起拔探杆，并记录仪器的回零情况，探头拔出后应立即清洗上油，妥善保管，防止探头被暴晒或受冻。

3.2.6 静力触探资料整理

1. 单孔资料的整理

（1）原始记录的修正

原始记录的修正包括读数修正、曲线脱节修正和深度修正。

读数修正是通过对初读数的处理来完成的。初读数是指探头在不受土层阻力条件下，传感器初始应变的读数（即零点漂移）。影响初读数的因素主要是温度，为消除其影响，在野外操作时，每隔一定深度将探头提升一次，然后将仪器的初读数调零（贯入前初读数也应为零），或者测记一次初读数。前者在自动记录仪上常用，进行资料整理时就不必再修正；后者则应按下式对读数进行修正：

$$\varepsilon = \varepsilon_1 - \varepsilon_0 \tag{3-18}$$

式中　ε——土层阻力所产生的应变量（$\mu\varepsilon$）；

　　　ε_1——探头压入时的读数（$\mu\varepsilon$）；

　　　ε_0——根据两相邻初读数之差内插确定的读数修正值（$\mu\varepsilon$）。

对于自身带有微机的记录仪，由于它能按检测到的初读数（至少两个）自动内插，故最后打印的曲线也不需要再修正。

记录曲线的脱节，往往出现在非连续贯入触探仪每一行程结束和新的行程开始时，自动记录曲线出现台阶或喇叭口状，如图 3-12 所示。对于这种情况，一般以停机前曲线位置为准，顺应曲线变化趋势，将曲线较圆滑地连接起来，见图 3-12 中的虚线。

在静力触探试验贯入过程中，由于导轮磨损、导轮与触探杆打滑，以及孔斜、触探杆弯曲等原因，会造成记录曲线上记录深度与实际深度不符。对于触探杆打滑、速比不准，应在贯入过程中随时注意，做好标记，在整理资料时，按等距离调整或在漏记处予以补全。若由于导轮磨损引起误差，应及时更换导轮；若因孔斜引起误差，应根据测斜装置的数据或钻探资料予以修正。

(2) 贯入阻力的计算

单桥探头的比贯入阻力、双桥探头的锥头阻力及侧壁摩擦力可按下列公式计算：

$$p_s = K_p \cdot \varepsilon_p \tag{3-19}$$

$$q_c = K_p \cdot \varepsilon_q, \quad f_s = K_f \cdot \varepsilon_f \tag{3-20}$$

式中　　p_s——单桥探头的比贯入阻力 (MPa)；

　　　　q_c——双桥探头的锥头阻力 (MPa)；

　　　　f_s——双桥探头的侧壁摩擦力 (MPa)；

K_p、K_q、K_f——为单桥探头、双桥探头的标定系数 (MPa/με)；

ε_p、ε_q、ε_f——为单桥探头、双桥探头贯入的应变量 (με)。

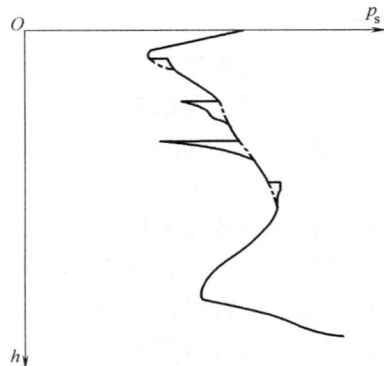

图 3-12　曲线脱节修正

(3) 摩阻比的计算

摩阻比是以百分率表示的各对应深度的锥头阻力和侧壁摩擦力的比值：

$$\alpha = f_s / q_c \times 100\% \tag{3-21}$$

式中　α——双桥探头的摩阻比。

(4) 绘制单孔静探曲线

以深度为纵坐标，贯入阻力或锥头阻力、侧壁摩擦力为横坐标，绘制单孔静探曲线，其横坐标的比例可按表 3-4 选用。通常 p_s-h 曲线或 q_c-h 曲线用实线表示，f_s-h 曲线用虚线表示。侧壁摩擦力和锥头阻力的比例可匹配成 1:100，同时还应附摩阻比随深度的变化曲线。

比例选用表　　　　　　　　　　　　　　　　　　表 3-4

项目	比例
深度	1:100 或 1:200
比贯入阻力或锥头阻力	1cm 表示 500kPa、1000kPa、2000kPa
侧壁摩擦力	1cm 表示 5kPa、20kPa、20kPa
摩阻比	1cm 表示 1%、2%

对于静探微机，以上过程均可自动完成。

2. 划分土层

静力触探的贯入阻力本身就是土的综合力学指标，利用其随深度的变化可对土层进行力学分层。分层时，应首先考虑静探曲线形态的变化趋势，再结合考虑本地区地层情况或钻探资料。其划分的详细程度应满足实际工程的需要，对主要受力层及对工程有影响的软弱夹层和下卧层应详细划分，每层中最大和最小贯入阻力之比应满足表 3-5 中的规定。

力学分层按贯入阻力变化幅度的分层标准 表 3-5

p_s 或 q_c（MPa）	最大贯入阻力与最小贯入阻力之比
≤1.0	1.0～1.5
1.0～3.0	1.5～2.0
>3.0	2.0～2.5

在划分分层界线时，还应考虑贯入阻力曲线中的超前和滞后现象，这种现象往往出现在探头由密实土层进入软土层或由软土层进入坚硬土层时，其幅度一般为 10～20cm。其原因既有触探机理上的问题，也有仪器性能反应迟缓和土层本身在两层土交接处带有一些渐变的性质，情况比较复杂，在分层时应根据具体情况加以分析。

3. 土层贯入阻力的计算

（1）单孔分层贯入阻力

在土层分界线划定后，便可计算单孔分层平均贯入阻力。计算时，应剔除记录中的异常点以及超前和滞后值。

（2）场地各土层贯入阻力

根据单孔各土层贯入阻力及土层厚度，可以计算场地各土层贯入阻力。基本的计算方法为厚度的加权平均法：

$$\overline{p}_s = \frac{\sum\limits_{i=1}^{n} h_i p_{si}}{\sum\limits_{i=1}^{n} h_i} \tag{3-22}$$

式中 $\overline{p}_s$（$\overline{q}_c$、$\overline{f}_s$）——场地各土层贯入阻力（kPa）；

h_i——第 i 孔穿越该层的厚度（m）；

p_{si}（或 q_{ci}、f_{si}）——第 i 孔中该层的单孔贯入阻力（kPa）；

n——参与统计的静探孔数。

4. 贯入阻力的换算

国内使用静力触探确定地基参数的经验，很多是建立在单桥探头实践之上的。如何将双桥探头（或孔压探头）成果与已有经验结合起来，就存在一个贯入阻力换算问题。国内不少单位对 q_c 与 p_s 的关系进行了研究，经验表明，p_s/q_c 值大致为 1.0～1.5。

对于非饱和土或地下水位以下的坚硬黏性土和强透水性砂土，国内通常使用下式来对单桥探头的比贯入阻力 p_s 进行分解：

$$p_s = q_c + 6.41 f_s \tag{3-23}$$

3.2.7　静力触探成果应用

静力触探应用范围较广，下面就介绍一些主要方面。

1. 划分土类

静力触探是一种力学模拟试验，其比贯入阻力 p_s 是反映地基土实际强度及变形性质的力学指标，因此也反映了不同成因、不同年代和地区的土的力学指标的差别，本书据此看法对不同类型的几种黏性土的 p_s 总结了一个范围值，见表 3-6。

按比贯入阻力 p_s 确定黏性土种类 表 3-6

土层	软黏性土	一般黏性土	老黏性土
p_s 范围值(MPa)	$p_s \leqslant 1$	$1 \leqslant p_s < 3$	$p_s \geqslant 3$

2. 确定地基土的承载力

在利用静力触探确定地基土承载力的研究中，国内外都是根据对比试验结果提出经验公式。其中主要是与载荷试验进行对比，并通过对数据的相关分析得到适用于特定地区或特定土性的经验公式，以解决生产实践中的应用问题。

（1）黏性土

国内在用静力触探 p_s（或 q_c）确定黏性土地基承载方面已积累了大量资料，建立了用于一定地区和土性的经验公式，其中部分列于表 3-7 中。

黏性土静力触探承载力经验公式（f_{ak}—kPa；p_s、q_c—MPa） 表 3-7

序号	公式	适用范围	公式来源
1	$f_{ak} = 104 p_s + 26.9$	$0.3 \leqslant p_s \leqslant 6$	《工业与民用建筑工程地质勘察规范》TJ 21—77
2	$f_{ak} = 17.3 p_s + 159$	北京地区老黏性土	
3	$f_{ak} = 114.81 g p_s + 124.6$	北京地区的新近代土	原北京市勘测处
4	$f_{ak} = 2491 g p_s + 157.8$	$0.6 \leqslant p_s \leqslant 4$	
5	$f_{ak} = 87.8 p_s + 24.36$	湿陷性黄土	陕西省综合勘察院
6	$f_{ak} = 90 p_s + 90$	贵州地区红黏土	贵州省建筑设计院
7	$f_{ak} = 112 p_s + 5$	软土，$0.085 < p_s < 0.9$	原铁道部

（2）砂土

用静力触探 p_s（或 q_c）确定砂土承载力的经验公式参见表 3-8。

砂土静力触探承载力经验公式（f_{ak}—kPa；q_c—MPa） 表 3-8

序号	公式	适用范围	公式来源
1	$f_{ak} = 20 p_s + 59.5$	粉细砂 $1 < p_s < 15$	用静探测定砂土承载力
2	$f_{ak} = 36 p_s + 76.6$	中粗砂 $1 < p_s < 10$	联合试验小组报告
3	$f_{ak} = 91.7 p_s - 23$	水下砂土	铁三院
4	$f_{ak} = (25 \sim 33) q_c$	砂土	国外

通常认为，由于取砂土的原状试样比较困难，故从 p_s（或 q_c）值估算砂土承载力是很实用的方法，其中对于中密砂比较可靠，对松砂、密砂的使用效果不够满意。

（3）粉土

对于粉土，则采用下式来确定其承载力：

$$f_{ak} = 36 p_s + 44.6 \tag{3-24}$$

式中，f_{ak} 的单位为 kPa；p_s 的单位为 MPa。

3. 确定砂土的密实度

确定砂土密实度的界限值见表3-9。

评定砂土密实度界限值（p_s—MPa） 表3-9

来源	极松	疏松	稍密	中密	密实	极密
辽宁煤矿设计院		$p_s<2.5$	2.5~4.5	>11		
北京市勘察院	$p_s<2$	2~4.5	4~7	7~14	14~22	$p_s>22$
《南京地区建筑地基基础设计规范》DGJ 32/J12—2005	$p_s<3.5$	3.5~6.0	6.0~12.0	>12.0		

4. 确定砂土的内摩擦角

砂土的内摩擦角可根据比贯入阻力参照表3-10取值。

按比贯入阻力 p_s 确定砂土内摩擦角 φ 表3-10

p_s(MPa)	1	2	3	4	6	11	15	30
φ(°)	29	31	32	33	34	36	37	39

5. 确定黏性土的状态

国内一些单位通过试验统计，得出了比贯入阻力与液性指数的关系式，制成表3-11，用于划分黏性土的状态。

静力触探比贯入阻力与黏性土液性指数的关系 表3-11

p_s(MPa)	$p_s \leqslant 0.4$	$0.4<p_s \leqslant 0.9$	$0.9<p_s \leqslant 3.0$	$3.0<p_s \leqslant 5.0$	$p_s>5.0$
I_L	$I_L \geqslant 1$	$1>I_L \geqslant -0.75$	$0.75>I_L \geqslant 0.25$	$0.25>I_L \geqslant 0$	$I_L \leqslant 0$
状态	流塑	软塑	可塑	硬塑	坚硬

6. 估算单桩承载力

由于静力触探资料能直观地表示场地土质的软硬程度，对于工程设计时选择合适的桩端持力层，预估沉桩可能性及估算桩的极限承载力等方面表现出独特的优越性。其计算公式已列入《建筑桩基技术规范》JGJ 94—2008。

3.3 野外十字板剪切试验

3.3.1 概述

野外十字板剪切试验是一种原位测定饱和软黏性土抗剪强度的方法。所测得的抗剪强度值，相当于天然土层试验深度处，在天然压力下固结的不排水抗剪强度；在理论上相当于室内三轴不排水剪总强度，或无侧限抗压强度的一半（$\varphi=0$）。由于这项试验不需采取土样，避免了土样的扰动及天然应力状态的改变，是一种有效的原位测试方法。

3.3.2 十字板剪切试验的基本原理

野外十字板剪切试验是将规定形状和尺寸的十字板头压入土中试验深度，施加扭矩使板头等速扭转，在土体中形成圆柱破坏面。测定土体抵抗扭损的最大扭矩，以计算土的不排水抗剪强度。

假定十字板头扭转形成的圆柱破坏面高度和直径与十字板头高度和直径相同，破坏面上各点的抗剪强度相等，且同时发挥作用，同时达到极限状态。由于土体扭剪过程中产生的最大抵抗力矩 M_r 等于圆柱体底面和侧面上土体抵抗力矩之和，即：

$$M_r=M_{r1}+M_{r2}=2c_u \cdot \frac{\pi D^2}{4} \cdot \frac{2}{3} \cdot \frac{D}{2}+c_u \cdot \pi DH \cdot \frac{D}{2}=\frac{1}{2}c_u \pi D^2\left(\frac{D}{3}+H\right) \quad (3-25)$$

故

$$c_u=\frac{2M_r}{\pi D^2\left(\dfrac{D}{3}+H\right)} \quad (3-26)$$

式中　c_u——土的不排水抗剪强度（kPa）；

　　　M_r——土体扭损的最大抵抗力矩（kN·m）；

　　　D——十字板头直径（m）；

　　　H——十字板头高度（m）。

对于不同的试验设备，测量最大抵抗力矩的方法也不同。

3.3.3　十字板剪切试验仪器设备

野外十字板剪切试验的仪器设备为十字板剪切仪，目前国内有开口钢环式、轻便式和电测式三种。

1. 开口钢环式十字板剪切仪

这是国内早期最常用的一种剪切仪，如图 3-13 所示。该仪器利用蜗轮蜗杆扭转插入

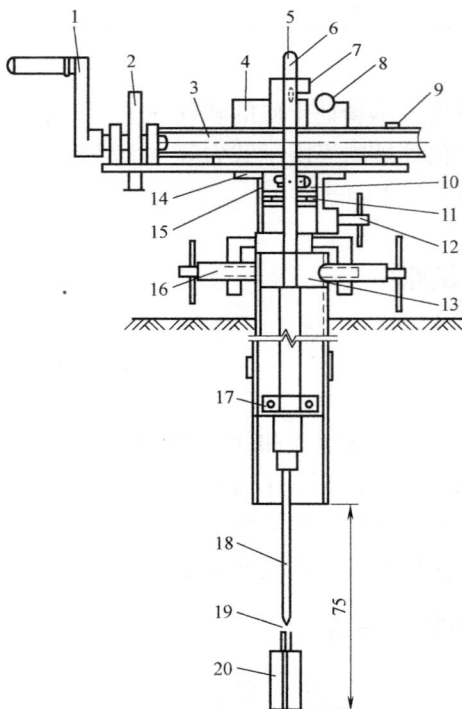

1—手摇柄；2—齿轮；3—蜗轮；4—开口钢环；5—导杆；6—特制键；7—固定夹；8—量表；
9—支座；10—压圈；11—平面弹子盘；12—锁紧轴；13—底座；14—固定套；15—横梢；
16—制紧轴；17—导轮；18—轴杆；19—离合器；20—十字板头

图 3-13　开口钢环式十字板剪切仪示意图

土层中的十字板头，借助开口钢环测定土体抵抗力矩，与钻机配合，使用较为方便。

开口钢环式十字板剪切仪的主要组成部件有：

（1）十字板头：十字板头由断面呈十字形相互直交的四个翼片组成。翼片形状宜用矩形，径高比 1：2，板厚 2～3mm，目前我国常采用的十字板规格见表 3-12。对于不同的土可选用不同规格的十字板头。一般在软土中采用大尺寸的板头较为合适，在强度稍大的土中可选用 50mm×100mm 规格的板头。

（2）轴杆：轴杆直径为 20mm，上接钻杆，下连十字板头。轴杆与十字板头的连接方式有离合式和牙嵌式。轴杆与十字板头的离合，可分别做十字板总剪力试验和轴杆摩擦力校正试验。

（3）测力装置：测力装置是仪器的主要部件，它是借助于固定在底板上的蜗轮转动，带动导杆、钻杆和轴杆，使插入土层中的十字板头扭转，通过蜗轮上开口钢环的变形来反映施加扭力的大小。整个装置固定在底座上，底座固定在套管上。

十字板规格及十字板常数 K 值　　　　　　　　　　　表 3-12

十字板规格 D(mm)×H(mm)	十字板头尺寸(mm)			钢环率定时的力臂 R(mm)	十字板常数 K(m^{-2})
	直径 D	高度 H	厚度 B		
50×100	50	100	2～3	200 250	436.78 545.97
50×100	50	100	2～3	210	458.62
75×150	75	150	2～3	200 250	129.41 161.77
75×150	75	150	2～3	210	135.88

（4）附件：配备专用钻杆、接头、特制键、百分表、导轮、率定设备等。

2. 轻便式十字板剪切仪

轻便式十字板剪切仪是一种在开口钢环式十字板剪切仪基础上改造简化的设备。它不需用钻探设备钻孔和下套管，只用人力将十字板压入试验深度，人力施加扭力和反力，通过固定在旋转把手上的拉力钢环测定扭力矩，如图 3-14 所示。设备全重只有 20kg，3～4

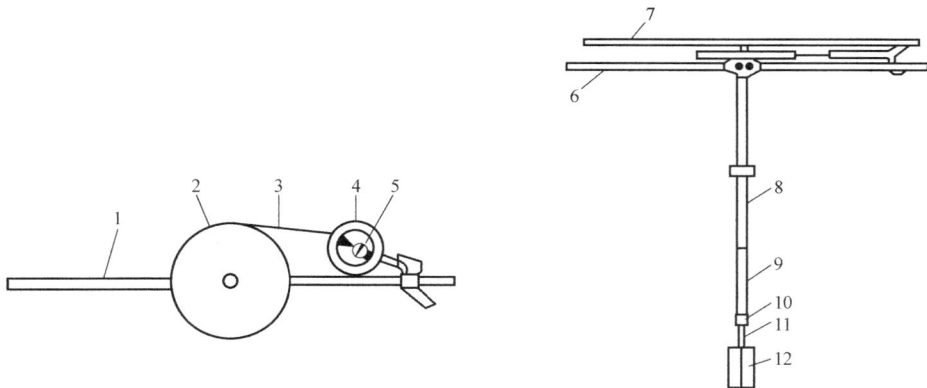

1—旋转手柄；2—铝盘；3—钢丝绳；4—钢环；5—量表；6—制动扳手；
7—施力把手；8—钻杆；9—轴杆；10—离合齿；11—瞩小丝杆；12—十字板头

图 3-14　轻便式十字板剪切仪示意图

人即可随身携带和试验，适用于饱和软土地区中小型工程的勘察。

该仪器的十字板头常选用 $D \times H = 50\text{mm} \times 100\text{mm}$ 规格的板头，采用离合式接触。施测扭力的装置有铝盘、钢环、旋转手柄、百分表等。

3. 电测式十字板剪切仪

电测式十字板剪切仪与上述两种类型仪器的主要区别在于测力装置不用钢环，而是在十字板头上端连接一个贴有电阻应变片的扭力传感器，如图 3-15 所示。利用静力触探仪的贯入装置（图 3-16），将十字板头压入到土层不同试验深度，借助回转系统旋转十字板头，用电子仪器量测土的抵抗力矩。试验过程中不必进行轴杆摩擦力校正，操作容易，试验成果比较稳定。另外，同一场地还可以用一套仪器进行静力触探试验，因此得到了广泛使用。

电测式十字板剪切仪主要由下列几部分组成：

（1）十字板头部分：十字板头部分的结构如图 3-15 所示，由十字板、扭力柱、测量电桥和套筒等组成。所用十字板头的尺寸与开口钢环式十字板剪切仪相同。

（2）回转系统：由蜗轮、蜗杆、卡盘、摇把等组成。摇把转动一圈正好使钻杆转动 1°。

（3）加压系统、量测系统、反力系统与静力触探仪共用。

3.3.4 十字板剪切现场试验技术要求

下面介绍电测式十字板剪切试验的技术要求。

（1）安装及调平电测式十字板剪切仪机架，用地锚固定，并安装好施加扭力装置。

（2）选择十字板头，并将其接在传感器上拧紧，连接传感器、电缆和量测仪器。

（3）按静力触探的方法，将电测式十字板头贯入到预定试验深度处。

（4）用回转部分的卡盘卡住钻杆，至少静置 2~3min 再开始剪切试验。

（5）试验开始，用摇把慢慢匀速地回转蜗轮、蜗杆，剪切速率为（1°~2°）/10s。摇把每转一圈，测记仪器读数一次。当读数出现峰值或稳定值后，继续测记 1min。

（6）松开卡盘，用扳手或管钳将探杆顺时针旋转 6 圈，使十字板头周围的土充分扰动，再用卡盘卡紧探杆，按要求（5）继续进行试验，测记重塑土抵抗扭剪的最大读数。

（7）完成上述一次试验后，再松开卡盘，用静力触探的方法继续下压至下一试验深度，按要求重复（4）~（6）进行试验，测记原状土和重塑土剪损时的最大读数。

（8）一孔的试验完成后，按静力触探的方法上拔探杆，取出十字板。

3.3.5 十字板剪切试验的适用条件和影响因素

1. 适用条件

十字板剪切试验主要适用于饱和软黏性土层，但若土层含有砂层、砾石、贝壳、树根及其他未分解有机质时不宜采用。测试深度一般在 30m 以内，目前陆上最大测试深度已超过 50m。

2. 影响因素

（1）十字板头规格

为了精确测定土层不排水抗剪强度，十字板不能太小。目前国内采用的尺寸为 50mm×100mm 和 75mm×150mm 两种标准的十字板，但两者的试验结果并非总是相同。

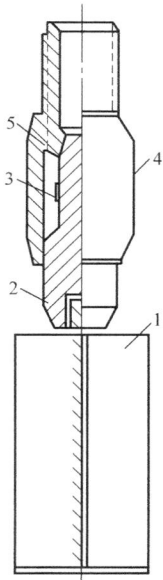

1—十字板；2—扭力柱；3—应变片；
4—套筒；5—出线孔

图 3-15　板头结构

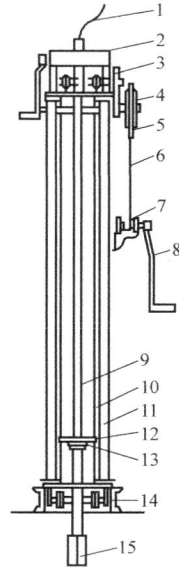

1—电缆；2—施加扭力装置；3—大齿轮；
4—小齿轮；5—大链轮；6—链条；7—小链轮；
8—摇把；9—探杆；10—链轮；11—支架立杆；
12—山形板；13—垫压块；14—槽钢；15—十字板头

图 3-16　电测式十字板剪切仪示意图

（2）剪应力的分布

土体扭剪破坏时，破坏面上剪应力的分布并不是均匀的，剪应力近边缘处（水平面及垂直面上）均有应力集中现象。Jackson（1969）提出，对计算抗剪强度 c_u 的公式（3-26）进行修正，表示为：

$$c_u = \frac{2M_r}{\pi D^2 \left(\dfrac{a}{2} + \dfrac{H}{D} \right)} \tag{3-27}$$

式中，a 为与顶面及底面剪应力在土体破坏时分布有关的系数。当剪应力分布均匀时，$a = 2/3$；当剪应力分布是抛物线时，$a = 3/5$；当剪应力分布是三角形时，$a = 1/2$。

（3）土的各向异性

天然沉积土层常呈现层理且土中应力状态不相同，显示出应力应变关系及强度的各向异性。扭剪破坏所形成的圆柱体侧面和顶底面上土的抗剪强度并不相等。有人曾用不同 D/H 的十字板头进行试验，结果表明：对于正常固结的饱和软黏性土，$c_{uv}/c_{uh} = 0.5 \sim 0.67$；对于稍超固结的软黏性土，$c_{uv}/c_{uh} = 0.9$。另外，在十字板剪切过程中，顶底面和侧面应力并不能同时达到峰值。

当十字板头叶片为三角形时，则可求出不同方向上土的抗剪强度。

$$c_{u\beta} = \frac{M_r}{\dfrac{4}{3} \pi L^3 \cos\beta} \tag{3-28}$$

式中　$c_{u\beta}$——与水平面成 β 角斜面上的抗剪强度（kPa）；

L——三角形边长（m）；

β——三角形板头的三角形边与水平面的夹角（°）。

（4）十字板剪切速率

土的所有剪切试验结果都受应力或应变施加速率的影响。十字板的剪切速率对试验结果影响很大。剪切速率越大，抗剪强度越大。国内统一规定了剪切速率为 $1°/10s$，但实际工程的加荷速率一般较慢，故试验所得的抗剪强度相应偏大一些。

3.3.6 十字板剪切试验资料整理和应用

1. 资料整理

对于不同的试验设备，测量最大抵抗力矩的方法有所不同，因此由式（3-28）所推得的计算抗剪强度的公式也不同。

（1）开口钢环式十字板剪切试验

① 计算原状土的抗剪强度

$$c_u = KC\xi(R_y - R_g) \tag{3-29}$$

$$K = \frac{2R}{\pi D^2 \left(\dfrac{D}{3} + H\right)} \tag{3-30}$$

式中　c_u——原状土的抗剪强度（kPa）；

　　　C——钢环系数（kN/0.01mm）；

　　　R_y——原状土剪损时百分表最大读数（0.01mm）；

　　　R_g——轴杆阻力校正时百分表最大读数（0.01mm）；

　　　K——十字板常数（m^{-2}）；

　　　R——率定钢环时的力臂（m）。

② 计算重塑土的抗剪强度

$$c_u' = KC(R_c - R_g) \tag{3-31}$$

式中　c_u'——重塑土的抗剪强度（kPa）；

　　　R_c——重塑土剪损时百分表最大读数（0.01mm）。

③ 计算土的灵敏度

$$S_t = \frac{c_u}{c_u'} \tag{3-32}$$

④ 绘制抗剪强度与试验深度的关系曲线

以了解土的抗剪强度随深度的变化规律，如图 3-17 所示。

⑤ 绘制抗剪强度与回转角的关系曲线

以了解土的结构性和受扭剪时的破坏过程，如图 3-18 所示。

（2）电测式十字板剪切试验

① 计算原状土的抗剪强度

$$c_u = K'\xi R_y \tag{3-33}$$

$$K' = \frac{2}{\pi D^2 \left(\dfrac{D}{3} + H\right)} \tag{3-34}$$

式中 c_u——原状土的抗剪强度（kPa）；

ξ——电测十字板头传感器的率定系数（kN·m/με）；

R_y——原状土剪损时最大微应变值（με）；

K'——电测十字板常数（m^{-3}）。可由式（3-34）计算得到。

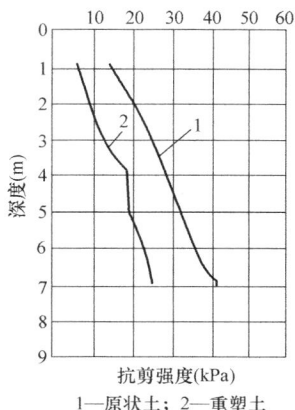

图 3-17 抗剪强度随深度变化曲线图

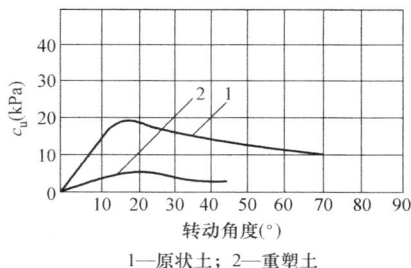

图 3-18 抗剪强度与回转角关系曲线

② 计算重塑土的抗剪强度

$$c_u' = K'\xi R_c \tag{3-35}$$

式中 c_u'——重塑土的抗剪强度（kPa）；

R_c——重塑土剪损时最大微应变值（με）。

与开口钢环式十字板剪切试验一样，也可以依据试验资料计算土的灵敏度，绘制抗剪强度与深度的关系曲线和抗剪强度与回转角的关系曲线。

2. 资料应用

国内外研究均表明，野外十字板剪切试验所测得的抗剪强度值偏高，应用于实际工作时应作修正。Bjerrum（1972）建议的修正式为：

$$c_u(实用值) = \mu c_u(实测值) \tag{3-36}$$

式中 μ——修正系数，随塑性指数 I_P 的增大而减小，见图 3-19。

（1）计算地基承载力

对于内摩擦角等于零（$\varphi = 0°$）的饱和软黏性土，其经验公式为：

$$f_{ak} = 2c_u + \gamma h \tag{3-37}$$

式中 f_{ak}——地基土承载力特征值（kPa）；

c_u——修正后的十字板抗剪强度（kPa）；

γ——土的重度（kN/m^3）；

h——基础埋置深度（m）。

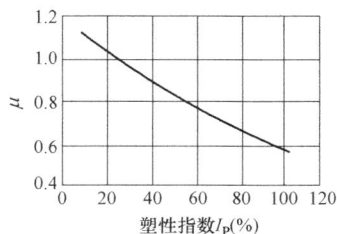

图 3-19 μ 与 I_P 的关系曲线

（2）分析饱和软黏性土填、挖方边坡的稳定性

十字板抗剪强度较为普遍地用于软土地基及软土填、挖方斜坡工程的稳定性分析与核算。根据软土中滑动带强度显著降低的特点，用十字板能较准确地确定滑动面位置，并根

据测得的抗剪强度来反算滑动面上土的强度参数，为地基与边坡稳定性分析和确定合理的安全系数提供依据。据南京水科所、浙江水科所等单位对海堤、水库堤坝所做的大量验算，表明十字板抗剪强度一般偏大，建议在设计中安全系数不小于 1.3～1.5。

（3）检验地基加固改良的效果

在软土地基堆载预压（或配以砂井排水）处理过程中，可用十字板剪切试验测定地基强度的变化，用于控制施工速率及检验地基加固效果。另外，对于采用振冲法加固饱和软黏性土地基的小型工程，可用桩间土的十字板抗剪强度来计算复合地基的承载力标准值：

$$f_{sp,k}=[1+m(n-1)]\cdot 3c_u \tag{3-38}$$

式中　$f_{sp,k}$——复合地基的承载力标准值（kPa）；

　　　n——桩土应力比，无实测资料时可取 2～4，原土强度低取大值，反之取小值；

　　　m——面积置换率；

　　　c_u——桩间土的十字板抗剪强度（kPa）。

（4）其他

软黏性土的灵敏度是一个重要指标，用它可以来判断土的成因、结构性，并了解扰动因素（如打桩、活荷载变化剧烈等）对软土强度的影响；根据抗剪强度与深度的关系曲线来判定土的固结性质；根据不排水抗剪强度确定软土路基的临界高度等。

3.4　动力触探试验

3.4.1　概述

动力触探（DPT）是利用一定的锤击能量，将一定规格的探头打入土中，根据贯入的难易程度来判定土的性质。这种原位测试方法历史久远，种类也很多，主要包括圆锥动力触探和标准贯入试验，具有设备简单、操作方便、工效较高、适应性广等优点。特别对难于取样的无黏性土（砂土、碎石土等）及静力触探难于贯入的土层，动力触探是十分有效的测试手段，目前在国内外得到极为广泛的应用。

3.4.2　动力触探试验基本原理

动力触探的锤击能量（穿心锤重量 Q 与落距 H 的乘积），一部分用于克服土对触探的贯入阻力，称为有效能量；另一部分消耗于锤与触探杆的碰撞、探杆的弹性变形及与孔壁土的摩擦等，称为无效能量。假设锤击效率为 η，有效锤击能量可表示为 ηQH，则：

$$\eta QH=q_d Ae \tag{3-39}$$
$$e=h/N \tag{3-40}$$

式中　Q——穿心锤重量（kN）；

　　　H——落距（cm）；

　　　q_d——探头的单位贯入阻力（kPa）；

　　　A——探头横截面积（m²）；

　　　e——每击的贯入深度（cm）；

　　　h——贯入深度（cm）；

N——贯入深度为 A 时的锤击数，单位为击。于是可得：

$$q_d = \eta QHN/(Ah) \tag{3-41}$$

对于同一种设备，Q、H、A、h 为常数，当 η 一定时，探头的单位贯入阻力与锤击数 N 呈正比关系，即 N 的大小反映了动贯入阻力的大小，它与土层的种类、紧密程度、力学性质等密切相关，故可以将锤击数作为反映土层综合性能的指标。通过锤击数与室内有关试验及载荷试验等进行对比和相关分析，建立相应的经验公式，应用于实际工程。

3.4.3 圆锥动力触探

1. 试验设备

圆锥动力触探试验种类较多，《岩土工程勘察规范》（2009 年版）GB 50021—2001 根据锤击能量分为轻型、重型和超重型三种，见表 3-13。

国内圆锥动力触探类型及规格 表 3-13

触探类型	落锤质量 (kg)	落锤距离 (cm)	圆锥头规格			触探杆外径 (mm)	触探指标	主要适用岩土
			锥角 (°)	锥底直径 (mm)	锥底面积 (cm²)			
轻型	10	50	60	40	12.6	25	贯入 30cm 的锤击数 N_{10}	浅部的填土、砂土、粉土、黏性土
重型	63.5	76	60	74	43	42	贯入 10cm 的锤击数 $N_{63.5}$	砂土、中密以下的碎石土、极软岩
超重型	120	100	60	74	43	50～60	贯入 10cm 的锤击数 N_{120}	密实和很密实的碎石土、软岩、极软岩

各种圆锥动力触探尽管试验设备重量相差悬殊，但其组成基本相同，主要由圆锥探头、触探杆和穿心锤三部分组成，各部分规格见表 3-13。轻型动力触探的试验设备如图 3-20 所示，重型（超重型）动力触探探头如图 3-21 所示。

2. 现场试验技术要求

（1）轻型动力触探（DPL）

① 试验要点：先用轻便钻具钻至试验土层标高，然后对土层连续进行锤击贯入。每次将穿心锤提升 50cm，自由落下。锤击频率每分钟宜为 15～30 击，并始终保持探杆垂直，记录每打入土层 30cm 的锤击数 N_{10}。如遇密实坚硬土层，当贯入 30cm 所需锤击数超过 90 击或贯入 15cm 超过 45 击时，试验可以停止。

② 适用范围：轻型动力触探适用于一般黏性土、黏性素填土和粉土，其连续贯入深度小于 4m。

（2）重型动力触探（DPH）

① 试验要点：贯入前，触探架应安装平稳，保持触探孔垂直。试验时，应使穿心锤自由下落，落距为 76cm，及时记录贯入深度、一击的贯入量及相应的锤击数。

② 适用范围：一般适用于砂土和碎石土。最大贯入深度 10～12m。

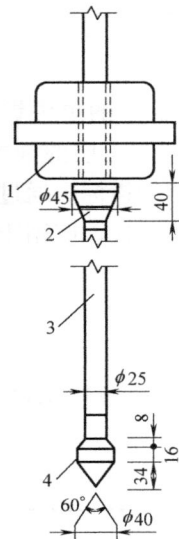

1—穿心锤；2—锤垫；3—探杆；4—探头

图 3-20　轻型动力触探的试验设备

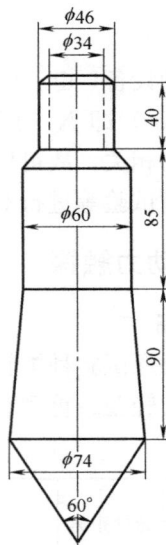

图 3-21　重型（超重型）动力触探探头

（3）超重型动力触探（DPSH）

① 试验要点：除落距为 100cm 以外，与重型动力触探试验要点相同。

② 适用范围：一般用于密实的碎石或埋深较大、厚度较大的碎石土。贯入深度一般不超过 20m。

3. 资料整理

（1）实测击数的校正

① 轻型动力触探

轻型动力触探不考虑杆长修正，实测击数 N_{10} 可直接应用。

② 重型动力触探

侧壁摩擦影响的校正：对于砂土和松散—中密的圆砾卵石，触探深度在 1～15m 的范围内时，一般可不考虑侧壁摩擦的影响。

触探杆长度的校正：当触探杆长度大于 2m 时，锤击数需按下式进行校正：

$$N_{63.5} = \alpha N \tag{3-42}$$

式中　$N_{63.5}$——重型动力触探试验锤击数，单位为击；

　　　　α——触探杆长度校正系数，按表 3-14 确定；

　　　　N——贯入 10cm 的实测锤击数，单位为击。

重型动力触探试验杆长校正系数 α 值　　　　　　　表 3-14

$N_{63.5}$	杆长（m）										
	<2	4	6	8	10	12	14	16	18	20	22
<1	1.00	0.98	0.96	0.93	0.90	0.87	0.84	0.81	0.78	0.75	0.72
5	1.00	0.96	0.93	0.90	0.86	0.83	0.80	0.77	0.74	0.71	0.68

$N_{63.5}$	杆长（m）										
	<2	4	6	8	10	12	14	16	18	20	22
10	1.00	0.95	0.91	0.87	0.83	0.79	0.76	0.73	0.70	0.67	0.64
15	1.00	0.94	0.89	0.84	0.80	0.76	0.72	0.69	0.66	0.63	0.60
20	1.00	0.90	0.85	0.81	0.77	0.73	0.69	0.66	0.63	0.60	0.57

地下水影响的校正：对于地下水位以下的中、粗、砾砂和圆砾、卵石，锤击数可按下式修正：

$$N_{63.5} = 1.1N'_{63.5} + 1.0 \qquad (3\text{-}43)$$

式中　$N_{63.5}$——经地下水影响校正后的锤击数，单位为击；

$N'_{63.5}$——未经地下水影响校正而经触探杆长度影响校正后的锤击数，单位为击。

③ 超重型动力触探

触探杆长度及侧壁摩擦影响的校正：

$$N_{120} = \alpha F_n N \qquad (3\text{-}44)$$

式中　N_{120}——超重型动力触探试验锤击数，单位为击；

α——触探杆长度校正系数，按表 3-15 确定；

F_n——触探杆侧壁摩擦影响校正系数，按表 3-16 确定；

N——贯入 10cm 的实测击数，单位为击。

超重型动力触探试验触探杆长度校正系数 α　　　　表 3-15

探杆长度（m）	<1	2	4	6	8	10	12	14	16	18	20
α	1.00	0.93	0.87	0.72	0.65	0.59	0.54	0.50	0.47	0.44	0.42

超重型动力触探试验探杆侧壁摩擦校正系数 F_n　　　　表 3-16

N	1	2	3	4	6	8～19	10～12	13～17	18～24	25～31	32～50	>50
F_n	0.92	0.85	0.82	0.80	0.78	0.76	0.75	0.74	0.73	0.72	0.71	0.70

（2）动贯入阻力的计算

圆锥动力触探也可以用动贯入阻力作为触探指标，其值可按式（3-45）计算。

$$q_d = [M/(M+M')]MgH/Ae \qquad (3\text{-}45)$$

式中　q_d——动力触探贯入阻力（MPa）；

M——落锤质量（kg）；

M'——触探杆（包括探头、触探杆、锤座和导向杆）的质量（kg）；

g——重力加速度（m/s²）；

H——落锤高度（m）；

A——探头截面积（cm²）；

e——每击贯入度（cm）。

式（3-45）是目前国内外应用最广的动贯入阻力计算公式。

（3）绘制单孔动探击数（或动贯入阻力）与深度的关系曲线，并进行力学分层以杆长校正后的击数 N 为横坐示，贯入深度为纵坐标绘制触探曲线。对轻型动力触探按每贯入 30cm 的击数绘制 N_{10}-h 曲线；中型、重型和超重型按每贯入 10cm 的击数绘制 N-h 曲线。曲线图式有按每阵击换算的 N 点绘和按每贯入 10cm 击数 N 点绘两种，见图 3-22。

根据触探曲线的形态，结合钻探资料对触探孔进行力学分层。各类土典型的 N-h 曲线如图 3-23 所示。分层时应考虑触探的界面效应，即下卧层的影响。一般由软层（小击数）进入硬层（大击数）时，分层界线可选在软层最后一个小值点以下 0.1～0.2m 处；由硬层进入软层时，分界线可定在软层第一个小值点以下 0.1～0.2m 处。

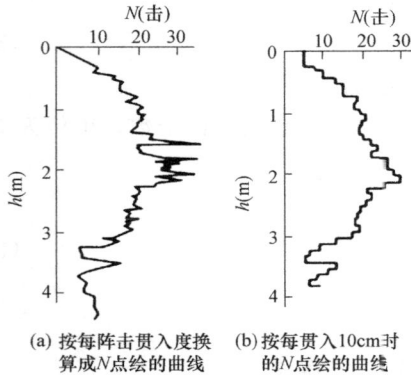

(a) 按每阵击贯入度换算成 N 点绘的曲线　(b) 按每贯入 10cm 对的 N 点绘的曲线

图 3-22　动力触探曲线图

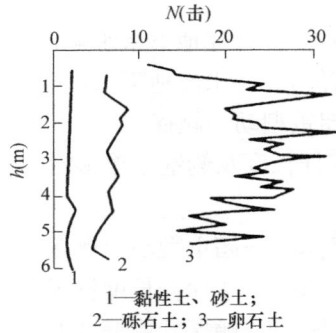

1—黏性土、砂土；
2—砾石土；3—卵石土

图 3-23　各类土的 N-h 曲线

根据力学分层，剔除层面上超前和滞后影响范围内及个别指标异常值，计算单孔各层动探指标的算术平均值。

当土质均匀，动探数据离散性不大时，可取各孔分层平均值，用厚度加权平均法计算场地分层平均动探指标。当动探数据离散性大时，宜用多孔资料、钻孔资料以及其他原位测试资料综合分析。

4. 成果应用

（1）确定砂土密度或孔隙比

用重型动力触探击数确定砂土、碎石土的孔隙比 e，详见表 3-17。

重型动力触探击数与孔隙比关系　　　　表 3-17

土的分类	校正后的动力触探击数 $N_{63.5}$									
	3	4	5	6	7	8	9	10	12	15
中砂	1.14	0.97	0.88	0.81	0.76	0.73				
粗砂	1.05	0.90	0.80	0.73	0.68	0.64	0.62			
砾砂	0.90	0.75	0.65	0.58	0.53	0.50	0.47	0.45		
圆砾	0.73	0.62	0.55	0.50	0.46	0.43	0.41	0.39	0.36	
卵石	0.66	0.56	0.50	0.45	0.41	0.39	0.36	0.35	0.32	0.29

（2）确定地基土承载力

用动力触探指标确定地基土承或力是一种快速简便的方法。

① 用轻型动力触探击数确定地基土承载力。对于小型工程地基勘察和施工期间检验地基持力层强度，轻型动力触探具有优越性，详见表 3-18 和表 3-19。

黏性土 N_{10} 与承载力 f_{ak} 的关系　　　　　　　　　表 3-18

N_{10}	15	20	25	30
f_{ak}(kPa)	105	145	190	230

素填土 N_{10} 与承载力 f_{ak} 的关系　　　　　　　　　表 3-19

N_{10}	10	20	30	40
f_{ak}(kPa)	85	115	135	160

② 用重型动力触探击数 $N_{63.5}$ 确定地基土承载力，详见表 3-20。

细粒土、碎石土 $N_{63.5}$ 与承载力 f_{ak}(kPa) 的关系　　　　表 3-20

$N_{63.5}$	1	2	3	4	5	6	7	8	9	10	12
黏土	96	152	209	265	321	382	444	505			
粉质黏土	88	136	184	232	280	328	376	424			
粉土	80	107	136	165	195	(224)					
素填土	79	103	128	152	176	(201)					
粉细砂		(80)	(110)	142	165	187	210	232	255	277	
中粗砾砂			120	150	200	240		320		400	480
碎石土			140	170	200	240		320		400	

③ 用超重型动力触探击数 N_{120} 确定地基土承载力，详见表 3-21。

碎石土 N_{120} 与承载力 f_{ak}(kPa) 的关系　　　　　　表 3-21

N_{120}	3	4	5	6	8	10	12	14	>16
f_{ak}(kPa)	250	300	400	500	640	720	800	850	900

注：1. 资料引自中国建筑西南勘察设计研究院；2. N_{120} 需经式（3-44）修正。

（3）确定桩尖持力层和单桩承载力

① 确定桩尖持力层。动力触探试验与打桩过程极其相似，动探指标能很好地反映探头处地基土的阻力。在地层层位分布规律比较清楚的地区，特别是上软下硬的二元结构地层，用动力触探能很快地确定端承桩的桩尖持力层。但在地层变化复杂和无建筑经验的地区，则不宜单独用动力触探来确定桩尖持力层。

② 确定单桩承载力。动力触探由于无法实测地基土极限侧壁摩阻力，因而用于桩基勘察时，主要是以桩端承载力为主的短桩。我国沈阳、成都和广州等地区通过动力触探和桩静载荷试验对比，利用数理统计得出了用动力触探指标（$N_{63.5}$ 或 N_{120}）估算单桩承载力的经验公式，应用范围都具有地区性。

利用动力触探指标还可评价场地均匀性，探查土洞、滑动面、软硬土层界面，检验地基加固与改良效果等。

3.4.4 标准贯入试验

1. 试验设备

标准贯入试验设备主要由标准贯入器（图 3-24）、触探杆和穿心锤三部分组成。我国贯入试验设备规格见表 3-22。

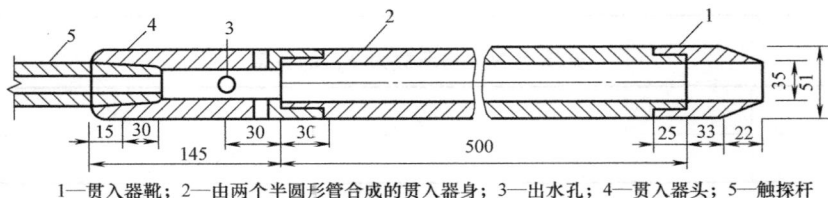

1—贯入器靴；2—由两个半圆形管合成的贯入器身；3—出水孔；4—贯入器头；5—触探杆

图 3-24 标准贯入器

标准贯入试验设备 表 3-22

落锤重量（kg）	落锤距离（cm）	贯入器规格	触探指标	触探杆外径（mm）
63.5±0.5	76±2	对开式，外径 5.1cm，内径 3.5cm，长度 70cm，刃口角 18°~20°	将贯入器打入 15cm 后，贯入 30cm 的锤击数	42

2. 现场试验技术要求

（1）与钻探配合，先用钻具钻至试验土层标高以上约 15cm 处，避免下层土扰动。清除孔底虚土，为防止孔中流砂或塌孔，常采用泥浆护壁或下套管。钻进方式宜采用回转钻进。

（2）贯入前，检查探杆与贯入器接头，不得松脱。然后将标准贯入器放入钻孔内，保持导向杆、探杆和贯入器的垂直度，以保证穿心锤中心施力，贯入器垂直打入。

（3）贯入时，穿心锤落距为 76cm，一般应采用自动落锤装置，使其自由下落。锤击速率应为 15~30 击/min。贯入器打入土中 15cm 后，开始记录每打入 10cm 的锤击数，累计打入 30cm 的锤击数为标准贯入击数 N。若土层较为密实，当锤击数已达 50 击，而贯入度未达 30cm 时，应记录实际贯入度并终止试验。标准贯入击数 N 按式（3-46）计算。

$$N = 30n/\Delta s \qquad (3-46)$$

式中 N——所选取贯入量的锤击数，单位为击；通常取 $n=50$ 击；

Δs——对应锤击数 N 击的贯入量（cm）。

（4）拔出贯入器，取出贯入器中的土样进行鉴别描述，保存土样以备试验用。

（5）如需进行下一深度的试验，则继续钻进重复上述操作步骤。一般可每隔 1m 进行一次试验。

3. 资料整理

标准贯入试验的资料整理，包括按有关规定对实测标贯击数 N' 进行必要的校正，并绘制标贯击数 N 与深度的关系曲线。

当探杆长度大于 3m 时，标贯击数应按下式进行杆长校正

$$N = aN' \qquad (3-47)$$

式中 N——标准贯入试验锤击数，单位为击；

a——触探杆长度校正系数，可按表 3-23 确定；

N'——实测贯入 30cm 的锤击数。

触探杆长度校正系数 表 3-23

触探杆长度(m)	<3	6	9	12	15	18	21
校正系数 a	1.00	0.92	0.86	0.81	0.77	0.73	0.70

注：应用 N 值时是否修正，应根据建立统计关系时的具体情况确定。

4. 成果应用

标准贯入试验主要适用于砂土、粉土及一般黏性土，不能用于碎石土。

（1）确定砂土的密度

用标准贯入试验锤击数 N 判定砂土的密度在国内外已得到广泛承认，其划分标准按《建筑地基基础设计规范》GB 50007—2011，详见表 3-24。

标准贯入试验锤击数 N 判定砂土的密度 表 3-24

N	$N \leqslant 10$	$10 < N \leqslant 15$	$15 < N \leqslant 30$	$N > 30$
实度	松散	稍密	中密	密实

（2）确定黏性土、砂土的抗剪强度和变形参数

用标准贯入试验锤击数确定黏性土、砂土抗剪强度和变形参数见表 3-25 和表 3-26。

用标准贯入试验锤击数估算内摩擦角 表 3-25

研究者	N				
	<4	4~10	10~30	30~50	>50
Peck	<28.5	28.5~30	30~36	36~41	>41
Meyerhof	<30	30~35	35~40	40~45	>45

N 与变形参数 E_0、E_s(MPa) 的关系 表 3-26

研究者	关系式	适用范围
湖北省水利电力勘测设计院	$E_0 = 1.0658N + 7.4306$	黏性土、粉土
武汉城市规划设计院	$E_0 = 1.4135N + 2.6156$	武汉黏性土、粉土
中国建筑西南勘察设计研究院	$E_s = 10.22 + 0.276N$	粉砂、细砂
Schultze 和 Merzenbach	$E_s = 7.1 + 0.49N$	
Webbe	$E_0 = 2.0 + 0.6N$	

（3）估算波速值

场地土的波速值是抗震设计和动力基础设计的重要参数。用标准贯入试验锤击数可估算土层的剪切波速值。一些地方性的经验公式见表 3-27。

N 与剪切波速（m/s）的关系 表 3-27

土类	统计公式
细砂	$V_s = 56N^{0.25}\sigma_v^{0.14}$
含卵砾石 25% 的黏性土	$V_s = 60N^{0.25}\sigma_v^{0.14}$
含卵砾石 50% 的黏性土	$V_s = 55N^{0.25}\sigma_v^{0.14}$

（4）确定黏性土、粉土和砂土承载力

用标准贯入试验确定黏性土、粉土和砂土的承载力可参考表 3-28 和表 3-29，表中的锤击数 N 由杆长修正后的锤击数按式（3-48）和式（3-49）修正得到。

$$N_k = r_s N_m \qquad (3-48)$$

$$r_s = 1 \pm (1.704/\sqrt{N} + 4.678/N^2)\delta \qquad (3-49)$$

式中　N_k——标准贯入试验锤击数标准值；

　　　N_m——标准贯入试验锤击数平均值；

　　　r_s——统计修正系数；

　　　δ——变异系数；

　　　N——试验次数。

黏性土 N 与承载力的关系　　　　　　　　　　　　表 3-28

N	3	5	7	9	11	13	15	17	19	21	23
f_{ak}(kPa)	105	145	190	220	295	325	370	430	515	600	680

砂土 N 与承载力 f_{ak}(kPa) 的关系　　　　　　　　表 3-29

N	10	15	30	50
中砂	180	250	340	500
粉砂、细砂	140	180	250	340

（5）选择桩尖持力层

根据国内外的实践，对于打入式预制桩，常选择 $N = 30 \sim 50$ 作为持力层。但必须强调与地区建筑经验的结合，不可生搬硬套。如上海地区一般在地面以下 60m 才出现 $N > 30$ 的地层，但对于地面下 35m 及 50m 上下、$N = 15 \sim 20$ 的中密粉、细砂及粉质黏土，实践表明作为桩尖持力层是合理可靠的。

（6）判别砂土、粉土的液化

判别砂土、粉土的液化，详见《建筑抗震设计规范》GB 50011—2010。

3.5　扁铲侧胀试验

3.5.1　概述

扁铲侧胀试验（DMT）是 20 世纪 70 年代末由意大利人 Marchetti 发明的一种新的原位测试方法，也简称扁胀试验。试验用静力或锤击动力把扁铲形探头贯入土中，达预定试验深度后，利用气压使扁铲侧面的圆形钢膜向外扩张，是一种特殊的旁压试验。适用于一般黏性土、粉土，中密以下砂土和黄土等，不适用于含碎石的土、风化岩等。

扁胀试验的优点在于试验简单、快速、重复性好，故在国内外近年来发展很快。

3.5.2　扁胀试验的基本原理

扁胀试验时，铲头的弹性膜向外扩张可假设为在无限弹性介质中在圆形面积上施加均

布荷载 ΔP，则有：

$$s = \frac{4R\Delta P}{\pi} \cdot \frac{(1-\mu^2)}{E} \qquad (3\text{-}50)$$

式中　E——弹性介质的弹性模量（MPa）；

　　　μ——弹性介质的泊松比；

　　　s——膜中心的外移（mm）；

　　　R——膜的半径（$R=30$mm）。

1）扁胀模量 E_D

把 $E/(1-\mu^2)$ 定义为扁胀模量 E_D，则有：

$$E_D = 34.7\Delta P = 34.7(P_1 - P_0) \qquad (3\text{-}51)$$

式中　P_1——膜中心外移 s 时所需的应力（kPa）；

　　　P_0——作用在扁胀仪上的原位应力（kPa）。

2）扁胀水平应力指数 K_D

定义水平有效应力 P_0' 与竖向有效应力 σ_{V0}' 之比为扁胀水平应力指数 K_D，则有：

$$K_D = (P_0 - u_0)/\sigma_{V0}' \qquad (3\text{-}52)$$

式中　u_0——孔隙水压力。

3）扁胀指数 I_D

定义扁胀指数为：

$$I_D = (P_1 - P_0)/(P_0 - u_0) \qquad (3\text{-}53)$$

4）扁胀孔压指数 u_D

定义扁胀孔压指数为：

$$u_D = (P_2 - u_0)/(P_0 - u_0) \qquad (3\text{-}54)$$

式中　P_2——初始孔压加上由于膜扩张所产生的超孔压之和。

扁胀参数反映了土的一系列特性，所以可根据 E_D、K_D、I_D 和 u_D 确定土的岩土参数，为岩土工程问题作出评价。

3.5.3　扁胀试验的仪器设备及试验技术

1）扁铲形探头和量测仪器

扁铲形探头的尺寸为长 230～240mm，宽 94～96mm，厚 14～16mm，铲前缘刃角为 12°～16°，扁铲的一侧面为一直径 60mm 的钢膜。探头可与静力触探的探杆或钻杆连接。量测仪表为静探测量仪，并前置控制箱，详见图 3-25。

2）测定钢膜三个位置的压力 A、B、C

压力 A 为当膜片中心刚开始向外扩张，向垂直扁铲周围的土体水平位移 0.05mm＋0.02mm 时，作用在膜片内侧的气压。

压力 B 为膜片中心外移达 1.10mm±0.03mm 时作用在膜片内侧的气压。

压力 C 为在膜片中心外移 1.10mm 以后，缓慢降压，使膜片内缩到刚启动前的原来

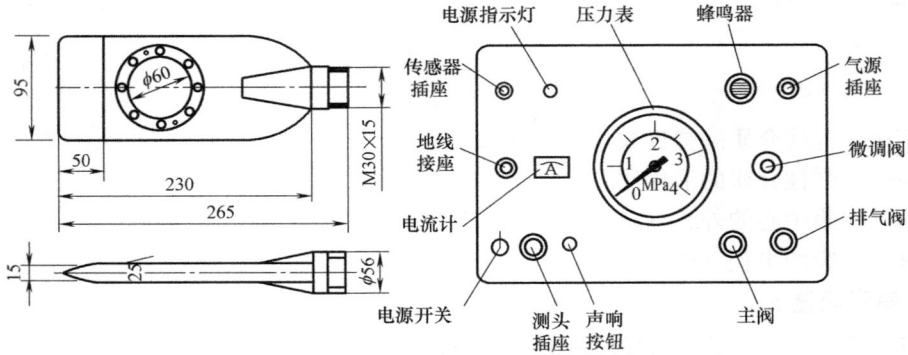

图 3-25　DMT-W1 型扁胀探头及量测仪表

位置时作用在膜片内的气压。

当膜片到达所确定的位置时，会发出一电信号——指示灯发光或蜂鸣器发声，测读相应的气压。一般三个压力读数 A、B、C 可在贯入后 1min 内完成。

3）膜片的标定

由于膜片的刚度，需通过在大气压下标定膜片中心外移 0.05mm 和 1.10mm 所需的压力 ΔA 和 ΔB，标定应重复多次，取 ΔA 和 ΔB 的平均值。

则 P_1 的计算式为（膜中心外移 1.10mm）：

$$P_1 = B - Z_m - \Delta B \tag{3-55}$$

式中　Z_m——压力表在大气压力下的零读数；

B、ΔB——意义同前。

则 P_0 的计算式为

$$P_0 = 1.05(A - Z_m + \Delta A) - 0.05(B - Z_m - \Delta B) \tag{3-56}$$

P_2 的计算式为（膜中心外移后又收缩到初始外移 0.05mm 时的位置）：

$$P_2 = C - Z_m + \Delta A \tag{3-57}$$

4）试验要求

（1）当静压扁铲探头入土的推力超过 50kN 或用 SPT 的锤击方式，每 30cm 的锤击数超过 15 击时，为避免扁胀探头损坏，建议先钻孔，在孔底下压探头至少 15cm，试验装置示意见图 3-26。

（2）试验点在垂直方向的间距可为 0.15～0.30m，一般可取 0.20m。

（3）试验全部结束，应重新检验 ΔA 和 ΔB 值。

（4）若要估算原位的水平固结系数，可进行扁膜消散试验，从卸除推力开始，记录压力 C 随时间 t 的变化，记录时间可按 1min、2min、4min、8min、15min、30min……直至压力的消散超过 50% 为止。

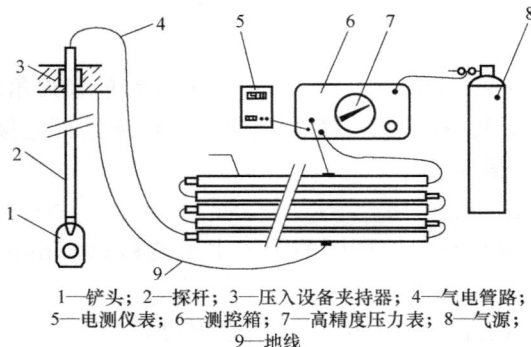

1—铲头；2—探杆；3—压入设备夹持器；4—气电管路；
5—电测仪表；6—测控箱；7—高精度压力表；8—气源；
9—地线

图 3-26　DMT-W1 仪器试验布局图

3.5.4 扁胀试验的资料整理

1）绘制 P_0、P_1、P_2 随深度的变化曲线

根据 A、B、C 压力及 ΔA、ΔB 计算出 P_0、P_1、P_2，并绘制 P_0、P_1、P_2 随深度的变化曲线，详见图 3-27。

2）绘制 E_D、K_D、I_D 和 u_D 随深度的变化曲线

根据 E_D、K_D、I_D 和 u_D，绘制随深度的变化曲线，详见图 3-28。

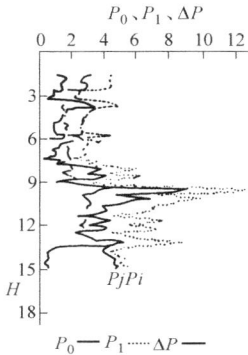

图 3-27 P_0、P_1、ΔP-H 曲线

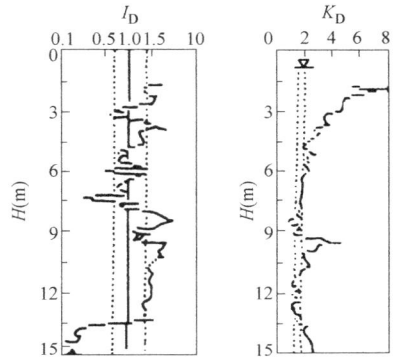

图 3-28 扁胀试验 I_D、K_D-H 曲线

3.5.5 扁胀试验资料的应用

1）划分土类

Marchetti 和 Crapps（1981）提出依据扁胀指数 I_D 可划分土类，详见图 3-29 和表 3-30。

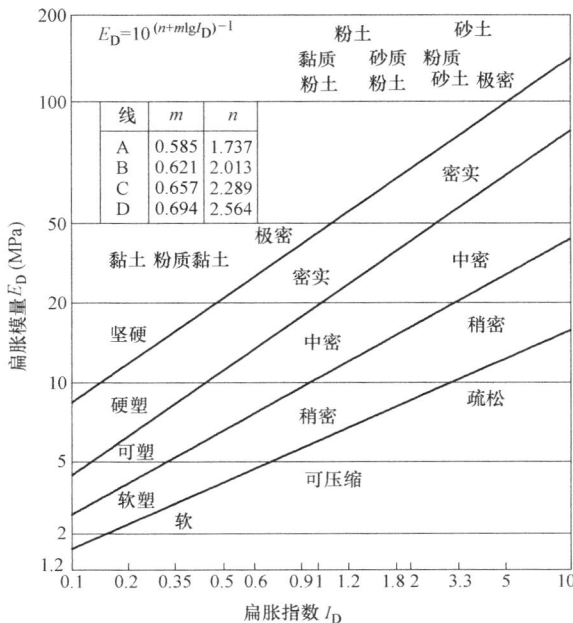

图 3-29 土类划分（Marchetti 和 Crapps，1981）

根据扁胀指数 I_D 划分土类　　　　　　　表 3-30

I_D	0.1	0.35	0.6	0.9	1.2	1.8	3.3
泥炭及灵敏性黏土	黏土	粉质黏土	黏质粉土	粉土	砂质粉土	粉质砂土	砂土

2）静止侧压力系数 K_0

扁胀探头压入土中，对周围土体产生挤压，故并不能由扁胀试验直接测定原位初始侧向应力，但可通过经验建立静止侧压力系数 K_0 与水平应力指数 K_D 的关系式，即

$$K_0 = 0.35 K_D{}^m \quad (K_D < 4) \tag{3-58}$$

式中　m——系数，高塑性黏土 $m=0.44$，低塑性黏土 $m=0.64$。

3）土的变形参数

E_S 和 E_D 的关系如下：

$$E_S = R_W \cdot E_D \tag{3-59}$$

式中　R_W——与水平应力指数 K_D 有关的函数，一般 $R_W \geqslant 0.85$。

4）估算地基承载力

扁胀试验中压力增量 $\Delta P = (P_1 - P_0)$，此时弹性膜的变形量为 1.10mm，相对变形为 $1.10/0.60 = 0.0183$，与载荷试验中相对沉降量法取值相似（$P_{0.01 \sim 0.015}$），所以，可用 $f_0 = \Delta P$ 估算地基土承载力，具体到一个地区、一种土类，最好有载荷试验资料对比。

3.6　岩土体现场剪切试验

3.6.1　概述

岩土体的现场剪切试验包括现场直剪试验和现场三轴试验。本节仅介绍现场直剪试验。现场直剪试验（FDST）是在现场岩土体上直接进行剪切试验，测定其抗剪强度参数及应力应变关系的一种原位测试方法。它包括岩土体本身、岩土体沿软弱结构面和岩土体与混凝土接触面的直剪试验三类。按试验方式和过程的不同，每一类直剪试验又均可分为岩土体在法向应力作用下沿剪切面剪切破坏的抗剪试验、岩土体剪断后沿剪切面继续剪切的抗剪试验（摩擦试验）和法向应力为零时对岩土体进行的抗切试验，如图 3-30 所示。由于现场直剪试验的试验体受剪面积比室内试验大得多，且又是在现场直接进行，因此和室内试验相比更符合实际情况。

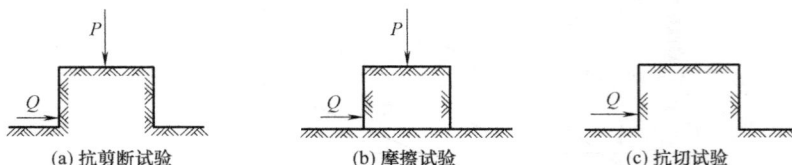

(a) 抗剪断试验　　　(b) 摩擦试验　　　(c) 抗切试验

图 3-30　现场剪切试验

3.6.2　现场直剪试验基本原理

岩土体的抗剪强度与剪切面上的法向应力有关。在一定范围内，其值随法向应力呈线

性增大，如图 3-31 所示。

$$\tau = \sigma \tan\varphi + c \qquad (3-60)$$

式中 τ——岩土体抗剪强度（kPa）；

σ——岩土体剪切面上法向应力（kPa）；

φ——岩土体的内摩擦角（°）；

c——岩土体的黏聚力（kPa）。

因此，通过进行一组试验（一般为 3～5 个试验体），得到岩土体在不同法向应力作用下的抗剪强度，可求得岩土体的抗剪强度参数（c、φ）。

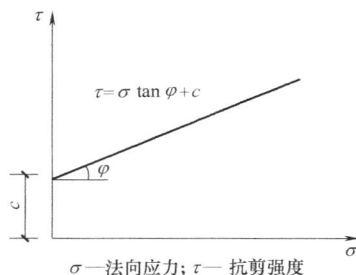

图 3-31 抗剪强度与法
向应力的关系

3.6.3 现场直剪试验仪器设备

1）加荷系统

（1）液压千斤顶 2 台。根据岩土体强度、最大荷载及剪切面积选用不同规格。

（2）油压泵 2 台。手摇式或电动式，对千斤顶供油。

2）传力系统

（1）高压胶管若干（配有快速接头）。输送油压用。

（2）传力柱（无缝钢管）一套。要求必须具有足够的刚度和强度。

（3）承压板一套。其面积可根据试验体尺寸而定。

（4）剪力盒一个。有方形和圆形两种，常用于土体及强度较低的软岩，强度较高的岩体用承压板取代。

（5）滚轴排一套。面积根据试验体尺寸而定。

3）测量系统

（1）压力表（精度为一级的标准压力表）一套。测油压用。

（2）千分表（8～12 只）。也可用百分表代替。

（3）磁性表架（8～12 只）。

（4）测量表架（工字钢）2 根。

（5）测量标点（有机玻璃或不锈钢）。

4）辅助设备

开挖、安装工具及反力设备等。

3.6.4 现场直剪试验技术要求

现场直剪试验可在试洞、试坑、探槽或大口径钻孔内进行。土层中试验有时采用大型同步式剪力仪进行试验，如图 3-32 所示。当剪切面水平或近于水平时，可用平推法或斜推法；当剪切面较陡时，可采用楔形体法，如图 3-33 所示。

下面具体介绍现场直剪试验的技术要求：

（1）选择试验点时，同一组试验体的地质条件应基本相同，受力状态应与岩土体在实际工程中的工作状态相近。

（2）每组岩土体试验不宜少于 5 处，面积不小于 0.25m^2，试验体最小边长宜小于 50cm，间距应大于最小边长的 1.5 倍。每组土体试验不宜少于 3 处，面积不小于 0.1m^2，

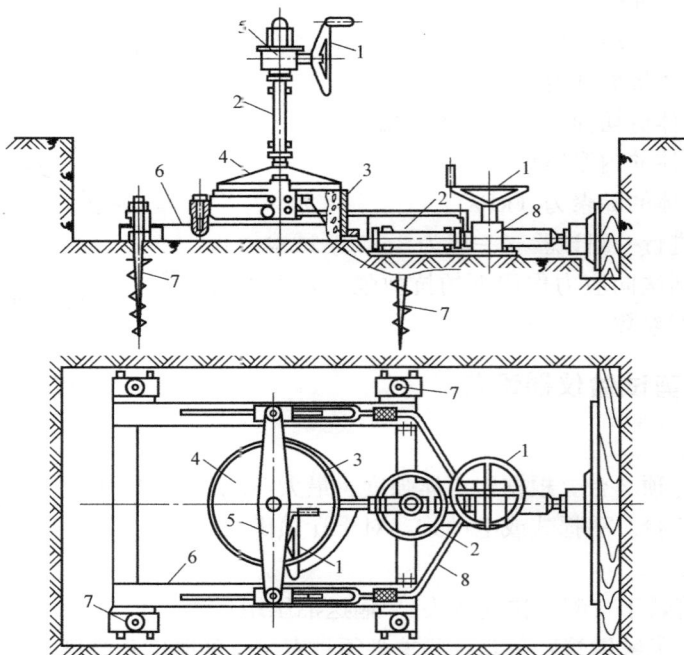

1—手轮； 2—测力计；3—切土环；4—传压盖；
5—垂直压力部分(横梁、拉杆)；6—水平框架；
7—地锚； 8—水平压力部分

图 3-32　大型同步式剪力仪

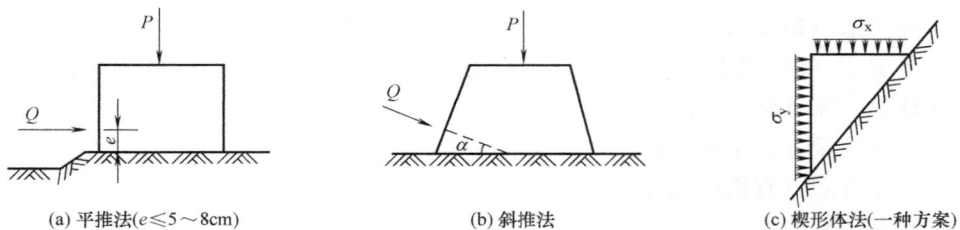

(a) 平推法($e \leqslant 5 \sim 8$cm)　　(b) 斜推法　　(c) 楔形体法(一种方案)

图 3-33　现场直剪试验布置示意图

高度不小于 10cm 或最大粒径的 4～8 倍。

（3）在爆破、开挖、切样等过程中应避免对岩土体或软弱结构面的扰动，以及避免含水率的显著改变。对软弱岩体，在顶面及周边加护层（钢或混凝土），土体可采用剪力盒。

（4）试验设备安装时，应使施加的法向荷载、剪切荷载位于剪切面、剪切缝的中心或使法向荷载与剪切荷载的合力通过剪切面中心。

（5）最大法向荷载应大于设计荷载，并按等量分级施加于不同的试验体上。施加荷载的精度应达到试验最大荷载的 2%。

（6）每一试验体的法向荷载可分 4～5 级施加，当法向变形达到相对稳定时，即可施加下一级荷载，直至预定压力。

对土体和高含水率塑性软弱夹层，其稳定标准是：加荷后 5min 内百分表读数（法向变形）变化不超过 0.05mm；对岩体或混凝土则要求 5min 内变化不超过 0.01mm。

（7）预定法向荷载稳定后，开始按预估最大剪切荷载（或法向荷载）的 5%～10% 分级等量施加剪切荷载。岩体按每 5～10min，土体按每 30s 施加一级荷载。每级荷载施加前后各测读变形一次。当剪切变形急剧增大或剪切变形达到试验体尺寸 1/10 时，可终止试验。但在临近破坏时，应密切注意和测记压力变化及相应的剪切变形。整个剪切过程中，法向荷载应始终保持常数。

（8）试验体剪切破坏后，根据需要可继续进行摩擦试验。

（9）拆卸试验设备，观察记录剪切面破坏情况。

3.6.5　现场直剪试验资料整理及成果应用

1）计算剪切面上的法向应力

作用于剪切面上的各级法向应力按式（3-61）计算。

$$\sigma = P/F + Q/(F \cdot \sin\alpha) \tag{3-61}$$

式中　σ——作用于剪切面上的法向应力（kPa）；

P——作用于剪切面上的总法向荷载（包括千斤顶施加的力、设备及试验体自重）（kN）；

Q——作用于剪切面上的剪切荷载（kN）；

F——剪切面面积（m²）；

α——剪切荷载与剪切面的夹角（°）。

2）计算各级剪切荷载下剪切面上剪应力和相应变形

作用于剪切面上的剪应力按下式计算：

$$\tau = Q/(F \cdot \cos\alpha) \tag{3-62}$$

式中　τ——作用于剪切面上的剪应力（kPa）。

其余符号意义同前。

3）绘制剪应力与剪切变形及剪应力与法向变形曲线

根据各级剪切荷载作用下剪切面上的剪应力及相应的变形，可以作出试验体受剪时的应力-变形曲线，如图 3-34 所示。根据曲线特征，可以确定比例极限、屈服极限、峰值强度、残余强度及剪胀强度。

4）绘制法向应力与比例极限、屈服极限、峰值强度、残余强度的关系曲线

通过绘制法向应力与比例极限、屈服极限、峰值强度、残余强度的关系曲线，可确定相应的强度参数（黏聚力 c 和内摩擦角 φ），如图 3-35 所示。

根据长江科学院的经验，对于脆性破坏岩体，可以采取比例极限确定抗剪强度参数；而对于塑性破坏岩体，可以利用屈服极限确定抗剪强度参数。验算岩土体滑动稳定性，可以采取残余强度确定抗剪强度参

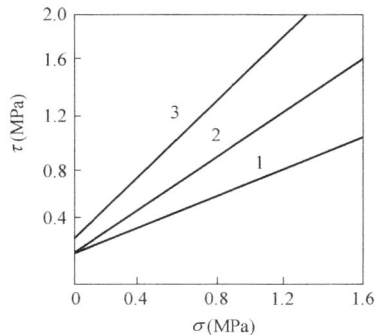

1—峰值；2—屈服强度；3—比例极限

图 3-34　混凝土/片岩直剪
试验应力-变形曲线

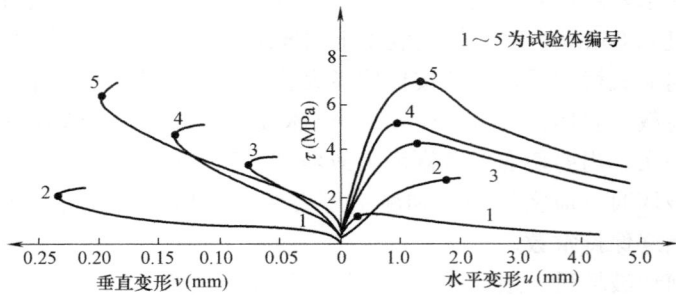

图 3-35　应力-变形关系曲线

数。因为在滑动面上破坏的发展是累进的，发生峰值强度破坏后，破坏部分的强度降为残余强度。

　　总之，选取何种强度参数，应根据岩土的性质、地区特点、工程性质和对比资料等确定。

3.7　扩展阅读——原位土力学的探索

　　从 20 世纪 90 年代初至今，岩土原位测试技术和设备实现了巨大进步，表现出以下特征：（1）自动化。仪器可以实现数据的自动采集和储存功能，甚至整个流程均可由计算机控制完成，减轻了人力劳动，提高了测试准确性。（2）信息化。数据实现了无线传输功能，为数据存储、下载提供便利，提高了工作效率。（3）多功能化。静力触探、旁压试验、钻孔剪切试验等测试设备实现了多功能测试，避免了以往一种试验只能测试一种（类）参数的局限，可以缩短工期，降低试验成本。（4）技术升级化。多款试验设备在测试范围、方法和性能方面实现了全面升级和拓展，为后续的原位测试研究提供了基础。

　　但目前的原位测试依然存在以下问题：（1）成本较高。如应用较广泛的载荷试验，操作相对繁琐，仪器笨重，耗费大量人力、物力。（2）理论基础薄弱。大部分触探试验得到的依然是经验性成果，缺乏理论基础，成果缺乏普遍适用性。（3）试验自身局限性。如十字板剪切试验仅适用于饱和软土地区；扁铲侧胀试验和旁压试验的加载方向与土体真实受力方向不一致等。（4）国内原位测试技术进展缓慢。国内的原位测试仪器设备和方法大多沿用国外数十年前的产品和技术。

　　理论基础薄弱、试验设备进展缓慢制约着原位测试在国内的推广应用。因此，杨光华等学者倡导进行原位土力学的研究。

3.7.1　基于静力载荷试验

　　通常情况下，对于土的力学特性的认识都是基于室内试验获得的，或重塑土试验的结果。实践中发现，由于土是一种天然形成的材料，更有一些由岩石风化而成的土，如残积土，具有较强的结构性，土样经取样应力释放之后，结构性遭到破坏，与现场原位土的性质已不同。同样有一定胶结的砂土，取样扰动后结构发生了破坏，室内土样与现场土已发生了变化，如果用扰动过的土样进行试验得到的力学特性指标是不能真实反映现场原位土的力学特性的，用这样的土样所得到的试验指标进行地基沉降变形等的计算误差很大，提到的《建筑地基基础设计规范》GB 50007—2011 沉降计算的修正经验系数为 0.2～1.4，最小与最大相差 7 倍，最小经验系数为 0.2，就是考虑用室内扰动土样试验得到的变形刚度比现场原位土的变形刚度要小，用于计算所得的沉降偏大，因而要乘以 0.2 的系数进行修正。但这种经验系数法修正也不是长久之计，改进的方法是采用现场原位试验的测试方法，来测定现场原位土的力学指标，如土的变形模量参数，用于计算，以提高计算的准确性。

地基沉降曲线的非线性特点可使用双曲线来反映，双曲线表示沉降曲线（图 3-36）具有以下几个参数：地基土体的黏聚力、内摩擦角、极限荷载、地基临塑荷载及土的初始变形模量（或弹性模量）。已知基础作用于地基的实际荷载，地基的非线性沉降变形可以由求得的双曲线方程来计算。

杨光华等学者提出基于静力载荷试验提出确定土的初始切线模量 E_{t0} 和强度指标 c、φ。假设图 3-36 的压板载荷试验曲线可以用双曲线方程来表示，则拟合试验结果可以得到双曲线方程的两个参数 a、b，由这两个参数可以得到地基的极限承载力 p_u 和土的初始切线模量 E_{t0}。

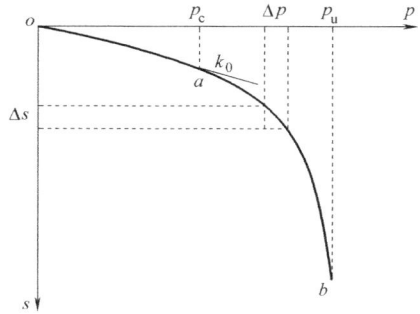

图 3-36　地基土载荷试验曲线

$$p = \frac{s}{a+bs} \tag{3-63}$$

$$a = \frac{1}{k_0}, \quad b = \frac{1}{p_u} \tag{3-64}$$

实际土体中，曲线的切线模量会变化，而土体的初始切线模量是不变的。假设压板上施加线性递增的荷载，则按半无限弹性体的 Boussinesq 解，在基础或压板试验中引起的沉降增量 Δs 为：

$$\Delta s = \frac{B \Delta p (1-\mu^2)}{E_t} \omega \tag{3-65}$$

式中，E_t 为压板变形曲线上的切线模量。

$$E_t = \frac{\Delta p}{\Delta s} B (1-\mu^2) \omega \tag{3-66}$$

令 $\frac{\Delta p}{\Delta s} = \frac{\mathrm{d}p}{\mathrm{d}s}$，进一步解得切线模量：

$$E_t = \left(1 - \frac{p}{p_u}\right)^2 E_{t0} \tag{3-67}$$

考虑根据试验测定的强度指标确定的 p_u 值可能偏小，参考 Duncan-Chang 模型，对应力水平 $\frac{p}{p_u}$ 进行修正，增加一个修正系数 R_f，其物理含义表示破坏比，即三轴压缩试验中试样破坏时的偏应力与偏应力渐近值的比值，无试验值时可取 0.5～1，见式（3-68）。

$$E_t = \left(1 - R_f \frac{p}{p_u}\right)^2 E_{t0} \tag{3-68}$$

式中，p/p_u 为压板或基础底面处附加应力 p 与极限荷载 p_u 两者的比值，考虑了土体切线模量受到土体应力水平的影响。

而式（3-62）中土的 3 个力学参数是通过现场原位试验直接得到的，能更好地反映原位土的力学特性。通过数值和试验的方法验证，用式（3-67）的变形参数计算地基的沉降比利用理想弹塑性模型会获得更符合实际的结果，因为该式反映了土的压硬性和剪软性。

3.7.2 基于全流触探试验

1. 全流触探

全流触探仪的类型包括 T 形、球形与碟形（图 3-37），常见的是 T 形触探仪和球形

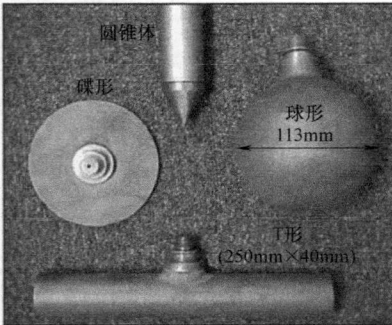

图 3-37 T 形、球形与碟形全流触探仪

触探仪。T 形触探仪直径 40mm，长 250mm，球形触探仪直径 113mm；两者的投影面积均为 100cm^2（标准静力触探（CPT）试验投影面积的 10 倍）。

全流触探仪在贯入过程中，软土和水类似黏性流体能够围绕探头流动（图 3-38），并获取多种数据。全流触探比孔压静力触探（CPTU）的优势在于：(1) 在超软土中，测量精度较高；(2) 尽量减小上覆应力的修正；(3) 可以较好地从理论上推导探头周边土体的破坏机理；(4) 基于全流机理，探头实测贯入阻力较少受到土体刚度和应力各向异性的影响；(5) 土体的重塑抗剪强度能够在现场试验中快速而精确地测定。

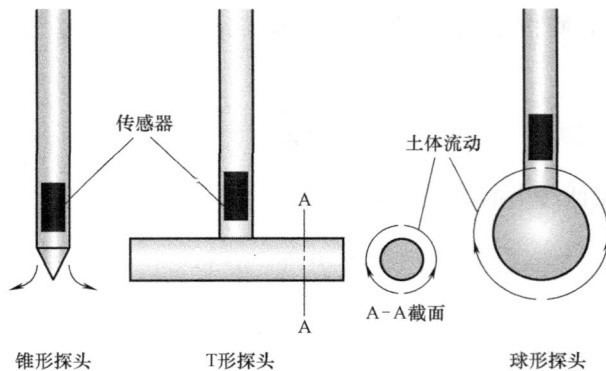

图 3-38 贯入过程中土体的流动

对全流触探的分析涉及相当大的复杂性，包括大应变、大变形、边值、应变软化、重塑土和接触问题。Randolph 及其团队最早于 1996 年提出了适用于海底软土的 T 形全流触探仪，并通过理论分析解析了全流触探的优越性。

数值分析方法主要包括：任意拉格朗日法（ALE）、有效任意拉格朗日法（ECEL）、欧拉-拉格朗日耦合法（CEL）、基于小应变的网格重划插值技术（RITSS）、修正小应变法（MSS）、上限解和应变路径的组合方法（UBSPM）、大变形有限元分析（LDFE）以及稳定状态下的有限差分法（SSFD）。

在试验研究方面，主要通过变速试验、循环贯入试验和变尺寸试验进行，需要注意的是土体变为完全重塑状态通常需要 5～10 个贯入-抽提循环（图 3-39），贯入的循环数应从 0.25 开始编号，拔出则从 0.75 开始（图 3-40），依次类推。

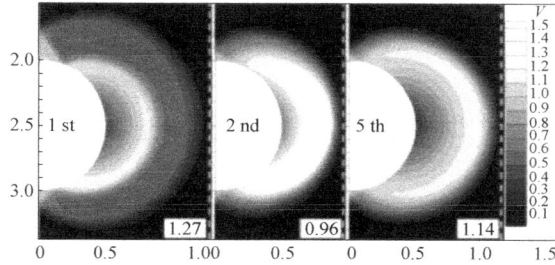

图 3-39　循环贯入次数对应变分布变化影响

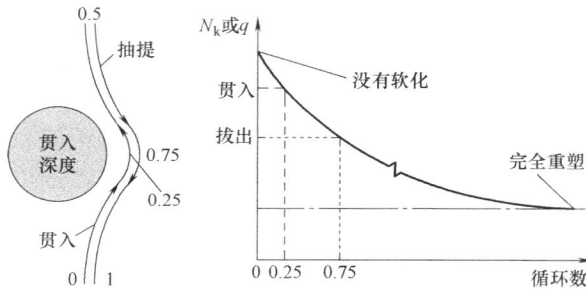

图 3-40　循环贯入试验中土体强度和贯入阻力随次数的降低

2. 自由落体式触探

对于自由落体贯入的探索，最早可以追溯到 20 世纪 70 年代。早在 1974 年 True 就进行了广泛的试验，研究了子弹型和钢板型等物体对包括海床土体在内的多种介质的侵彻过程。Raie 和 Tassoulas 认为计算流体动力学（CFD）方法不仅可以估计贯入深度，还可以估计土-锚界面和土中的剪切应力分布。Kim 等提出了一种基于应变率相关剪切阻力和流体力学的改进方法合理解析贯入模型，并使用 LDFE（大变形有限元）数据来校准模型。相比全流触探仪需要大型设备，自由落体式触探仪（FFP）体积较小，其在海上测试的步骤为：首先从船上下降到水中的某一深度，然后自由落体贯入海底（图 3-41）。

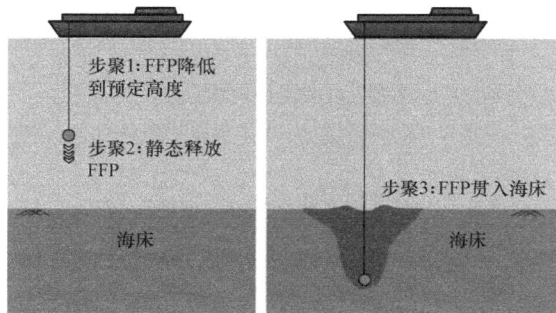

图 3-41　自由落体式触探仪试验步骤示意图

对自由落体式触探仪研究的重点主要包括：在试验设备方面，自由落体式触探仪的质量和几何形状各异，但探头类型常用锥形、T形和球形。理论分析方法包括静力平衡法、总能量法和能量平衡法。

触探仪的贯入速度可以用牛顿物理学定律来揭示，典型的归一化加速度-时间曲线如图 3-42 所示。

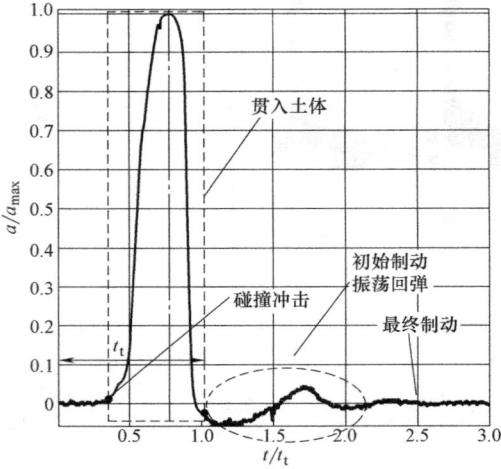

图 3-42　典型的归一化加速度-时间曲线

国内对全流触探仪和自由落体式触探仪的研究团队较少，东南大学、大连理工大学、同济大学、华南理工大学和中国海洋大学对自由落体触探展开了初步研究。

但是需要提醒的是：

（1）全流触探仪的研究工作在国外和国内总体上分别处于前期应用和起步阶段，尚需要进行更多数据和方法来验证和校核结合应变速率相关性、应变软化影响下贯入系数理论解和实际应用问题。我国的测试设备正在逐步研制，其可靠性也逐步提升。

（2）FFP 因设备较轻，若加以研究则能实现质优价廉的目的，同时可有效缩短勘察时间、降低勘察成本，目前适用于海洋岩土工程特性评价的早期阶段。其在国内发展还处于早期探索阶段，主因在于：国内外 FFP 设备的形状、外观及尺寸尚未统一，成为技术交流与应用推广的障碍；理论解译方法缺乏系统研究，尚不成熟；FFP 因较轻所以使用中受海洋环境的影响较大，提高适应性也是其发展与推广应用的关键问题。智能化、集成化、精细化、联网化是 FFP 设备未来发展的主要方向。

（3）而对全流贯入的分析涉及相当大的复杂性，包括大应变、大变形、边值、应变软化、重塑土和接触问题。

（4）全流触探仪和自由落体触探仪，未来将更多用于深海核废料的处理、深海锚固系统（鱼雷锚、吸力锚、桩靴等）、海底管道设计和浅层泥石流分析中。

3.8　本章练习题

1. 静力载荷试验有哪几种类型？并说明各自的使用对象。

2. 静力载荷试验典型的压力-沉降曲线可以分为哪几个阶段？各有什么特征？与土体的应力-应变状态有什么联系？

3. 根据静力载荷试验成果确定地基的承载力的主要方法有哪几种？

4. 为什么会出现原始 p-s 曲线的直线段不通过原点的情况？在资料整理过程中如何进行修正？

5. 静力触探的目的和原理是什么？

6. 静力触探的适用条件是什么？

7. 静力触探成果主要应用在哪几个方面？

8. 什么是圆锥动力触探？

9. 圆锥动力触探的试验成果的影响因素有哪些？

10. 为什么圆锥动力触探试验指标锤击数可以反映地基土的力学性能？

11. 圆锥动力触探分为哪几种类型？

12. 什么是标准贯入试验？标准贯入试验的目的和原理是什么？

13. 标准贯入试验成果在工程上有哪些应用？

14. 什么是十字板剪切试验？说明试验目的及其适用条件。

15. 简述十字板剪切试验成果的影响因素。

16. 十字板剪切试验能获得土体的哪些物理力学性质参数？

17. 扁铲侧胀试验的工作原理是什么？

18. 为什么要在试验前和试验后，对扁铲测头进行标定？

19. 简述对利用扁铲侧胀试验确定地基承载能力的认识。

20. 简述现场剪切试验的方法种类和试验目的。

第4章

地基加固的检验与检测技术

我国地域辽阔、幅员广大、自然地理环境不同、土质各异、地基条件区域性强。随着我国国民经济的飞速发展，不仅事先要选择在地质条件良好的场地上从事建设，而且有时也不得不在地质条件不良的地基上进行修建；同时，随着科学技术的日新月异，结构物的荷载日益增大，对变形要求也越来越严，因而原来一般可被评价为良好的地基，也可能在特定条件下需进行地基加固。目前，各种地基加固方法已大量在工程实践中应用，取得了显著的技术和经济效果。但是，到目前为止，一般还难于对它进行严密的理论分析，还不能在设计时作精密的计算和定量的预测。同时，为了保证质量，往往需要通过现场测试对加固效果进行严格的检验与检测。因此，现场测试就成为地基加固的重要环节。

4.1　概述

地基加固（处理）是指为提高地基承载力，改善其变形性质、渗透性质、动力特性以及特殊土的不良地基特性而采取的人工加固（处理）地基的方法。

现场测试的目的是：

1）为工程设计提供依据；

2）对施工过程进行控制、检验和指导；

3）为理论研究提供试验手段。

常用的现场测试方法如图4-1所示。

为了检验地基加固的效果，通常在同一地点分别在加固前和加固后进行测试，以便对比。并应注意下列问题：

1）加固后的现场测试应在地基加固施工结束后经一定时间的休止恢复后再进行；

2）为了有较好的可比性，前后两次测试应尽量由同一组织人员、用同一仪器、按同一标准进行；

3）由于各种测试方法都有一定的适用范围，故必须根据测试目的和现场条件，选用最有效的方法，表4-1可作为参考；

4）无论何种测试方法都有一定的局限性，故应尽可能采用多种方法，进行综合评价。

现场测试一般具有直观、代表性强、工效高、避免取样运输过程中的扰动等优点，但也有不能测定土的基本参数、不易控制应力状态等不足之处，故有时仍需辅以一定的室内试验。

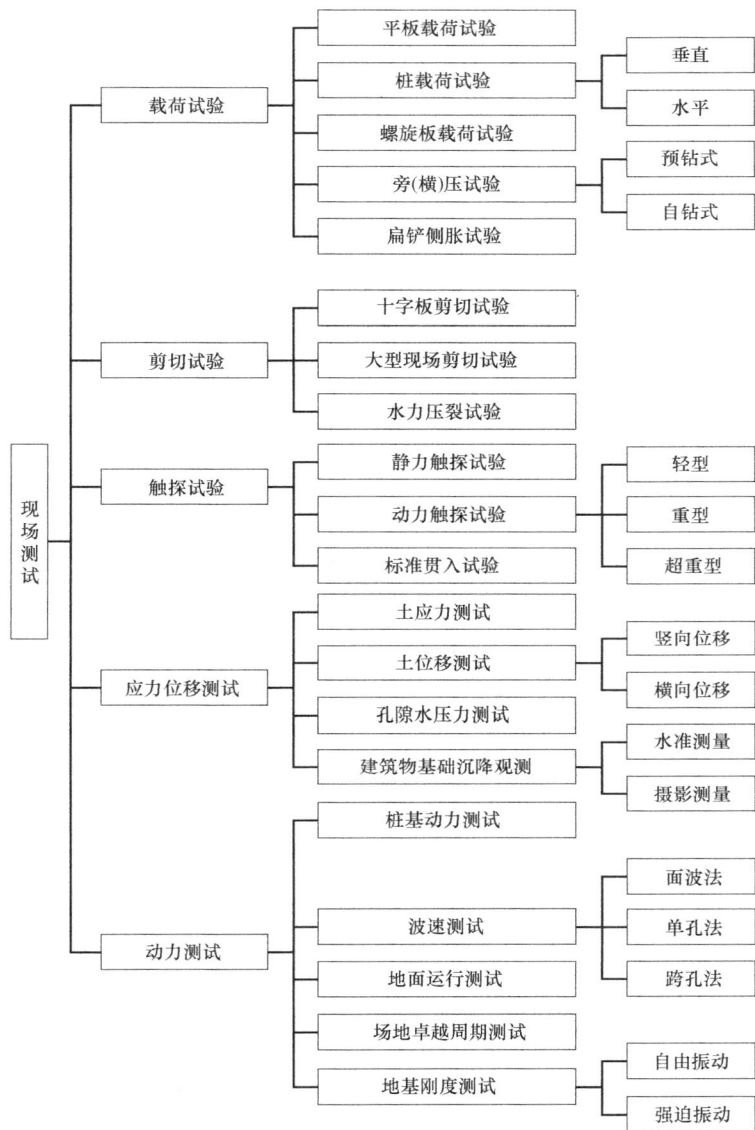

图 4-1　常用的现场测试方法

现场测试方法的适用范围　　　　　　　　　　　　　　　　　表 4-1

现场测试方法	地基处理方法									
	浅基处理	排水固结	挤密	振冲	强夯	灌浆	搅拌	土工聚合	旋喷物	基础托换
平板载荷试验	○	○	○	○	○	○	○	○	○	○
静力触探	○	○	○	○	○	×	△	×	×	△
动力触探	○	○	○	○	○	△	△	△	△	△
标准贯入试验	○	○	○	○	○	△	△	×	△	△
旁(横)压试验	○	○	○	○	○	△	×	×	△	△

续表

现场测试方法	地基处理方法									
	浅基处理	排水固结	挤密	振冲	强夯	灌浆	搅拌	土工聚合	旋喷物	基础托换
十字板剪切试验	△	○	△	△	△	×	×	△	△	△
大型现场剪切试验	△	△	△	△	△	△	△	△	△	△
土压力、孔隙水压力及土位移测试	○	○	○	△	○	△	△	○	△	△
土动力测试	△	△	△	△	△	△	△	△	△	△
建筑物与地面变形观测	○	○	○	○	○	○	○	○	○	○

注：○表示适用；△表示部分情况适用；×表示不适用。

4.2 地基加固方法及适用条件

主要的地基加固方法有换填垫层法、排水固结法、重锤夯实法、强夯法、碎（砂）石桩、石灰桩等方法。

4.2.1 换填垫层法

当地基的承载力和变形满足不了建筑物的要求，而软弱土层的厚度又不是很大时，将基础底面下软弱土层部分或全部挖去，然后分层换填强度较大的砂、碎石、素土、灰土、二灰（石灰和粉煤灰）、粉煤灰、高炉干渣或其他性能稳定、无侵蚀性等材料，并压（夯、振）实至要求的密实度为止，这种地基加固方法称为换填垫层法。换填垫层法还包括低洼地域筑高（平整场地）或堆填筑高（道路路基）。

按回填材料不同形成的垫层，命名为该种材料的垫层，如砂垫层、砂石垫层、碎石垫层、素土垫层、灰土垫层、二灰垫层、粉煤灰垫层和干渣垫层等。

换填垫层法适用于淤泥、淤泥质土、湿陷性黄土、素填土、杂填土地基及暗沟、暗塘等的浅层地基及不均匀地基的加固（处理），其适用条件和范围见表4-2。

垫层的适用条件和范围 表 4-2

垫层种类	适用条件和范围
砂（砂石、碎石）垫层	多用于中小型建筑工程的浜、塘、沟等的局部加固或处理。适用于一般饱和、非饱和的软弱土和水下黄土地基加固或处理。不适宜用于湿陷性黄土地基，也不适宜用于大面积堆载、密集基础和动力基础的软土地基加固，砂垫层不宜用于有地下水流速快、流量大的地基加固或处理
素土垫层	适用于中小型工程及大面积回填、湿陷性黄土地基的加固或处理
灰土或二灰土垫层	适用于中小型工程，尤其适用于湿陷性黄土地基的加固或处理
粉煤灰垫层	适用于厂房、机场、港区陆域和堆场等大、中、小型工程的大面积填筑
干渣垫层	适用于中小型建筑工程，尤其适用于地坪、堆场等工程大面积的地基加固和场地平整，但对于受酸性或碱性废水影响的地基不得采用干渣垫层

换填垫层法的加固（处理）深度不宜大于3m，但也不宜小于0.5m。在湿陷性黄土地区或土质较好场地，一般坑壁可直立或边坡稳定时，加固（处理）的深度可限制在5m以内。

4.2.2　排水固结法

我国沿海地区、内陆湖泊和河流谷地分布着大量的软弱黏性土，这种土的特点是含水率大、压缩性高、强度低、透水性差、很多情况厚度较大，埋藏较深。在软土地基上直接建造建筑物或进行填土时，地基将由于固结和剪切变形产生很大的沉降和差异沉降，而且沉降的延续时间很长，为此有可能影响建筑物的正常使用。另外，由于其强度低，地基承载力和稳定性往往不能满足工程要求而产生地基土破坏。因此，这类软土地基通常需要采取处理措施，排水固结法就是处理和加固软黏土地基的有效方法之一。

排水固结法是对天然地基，或先在地基中设置砂井（袋装砂井或塑料排水带）等竖向排水体，然后利用建筑物本身重量分级逐渐加载；或在建筑物建造前在场地先行加载预压，使土体中的孔隙水排出，逐渐固结，地基发生沉降，同时强度逐步提高的方法。该法常用于解决软黏土地基的沉降和不稳定问题，可使地基的沉降在加载预压期间基本完成或大部分完成，使建筑物在使用期间不致产生过大的沉降和沉降差。同时，可增加地基土的抗剪强度，从而提高地基的承载力和稳定性。

排水固结法是由排水系统和加压系统两部分共同组成。

排水系统主要在于改变地基原有的排水边界条件，增加孔隙水排出的途径，缩短排水距离。该系统由水平排水垫层和竖向排水体构成。当软土层较薄或土的渗透性较好而施工期较长，可仅在地面铺设一定厚度的砂垫层，然后加载，土层中的水沿竖向流入砂垫层而排出。当工程上遇到透水性很差的深厚软土层时，可在地基中设置砂井等竖向排水体，地面连以排水砂垫层，构成排水系统，加快土体固结。

加压系统是指对地基施行预压的荷载，它使地基土的固结压力增大而产生固结。其材料有固体（土石料等）、液体（水等）、真空负压力荷载等。

排水固结法一般根据预压目的选择加压方法：如果预压是为了减小建筑物的沉降，则应采用预先堆载加压，使地基沉降产生在建筑物建造之前，若预压的目的主要是增加地基强度，则可用自重加压，即放慢施工速度或增加土的排水速率，使地基强度增长与建筑物荷重的增加相适应。

排水固结法适用于加固（处理）各类淤泥、淤泥质土及冲填土等饱和黏性土地基。砂井法特别适用于存在连续薄砂层的地基。真空预压法适用于能在加固区形成（包括采取措施后形成）稳定负压边界条件的软土地基。降低地下水位法、真空预压法和电渗法由于不增加剪应力，地基不会产生剪切破坏，所以它适用于较软弱的黏土地基。

4.2.3　重锤夯实法

利用重锤自由下落时的冲击能来夯实浅层杂填土地基，使其表面形成一层较为均匀的硬壳层。

重锤夯实法适用于处理离地下水位 0.8m 以上稍湿的杂填土、黏性土、砂性土、湿陷性黄土和分层填土等地基，但在有效夯实深度内存在软黏土层时不宜采用。夯实的影响深度与锤重、锤底直径、落距以及土质条件等因素有关。其地基承载力应通过静载荷试验确定，一般可达 100～150kPa。在工程上，应先通过试夯，确定夯实遍数，一般试夯 6～10 遍，施工时可适当增加 1～2 遍。

4.2.4 强夯法

强夯法是法国 Menard 技术公司于 1969 年首创的一种地基加固方法，它通过 8～30t 的重锤（最重可达 200t）和 8～20m 的落距（最高可达 40m），对地基土施加很大的冲击能（一般能量为 500～8000kN·m）来提高地基土的强度、降低土的压缩性、改善砂土的抗液化条件、消除湿陷性黄土的湿陷性等。它适用于碎石土、砂土、低饱和度的粉土与黏性土、湿陷性黄土、杂填土和素填土等地基的加固（处理）。对饱和度较高的黏性土，一般而言处理效果不显著，其中尤其是用以加固淤泥和淤泥质土地基，处理效果更差。但近年来，对高饱和度的粉土和黏性土地基，采用在夯坑内回填块石、碎石或其他粗颗粒材料，强行夯入并排开软土，最终形成砂石桩与软土的复合地基，称之为强夯置换（或动力置换、强夯挤淤）。

4.2.5 碎（砂）石桩

碎石桩和砂桩总称为碎（砂）石桩，又称粗颗粒土桩，是指用振动、冲击或水冲等方式在软弱地基中成孔后，再将碎石或砂挤压入已成的孔中，形成大直径的碎（砂）石所构成的密实桩体。

碎（砂）石桩法适用于挤密松散砂土、粉土、粉质黏土、素填土、杂填土等地基。对饱和黏性土地基上对变形控制要求不严的工程也可采用碎石桩置换处理，碎（砂）石桩法也可用于处理可液化地基。

碎石桩的施工方法按其成桩过程和作用可分为四类，如表 4-3 所示。砂桩常用的成桩方法有振动成桩法和冲击成桩法。振动成桩法是使用振动打桩机将桩管沉入土层中，并振动挤密砂填料。冲击成桩法是使用蒸汽或柴油打桩机将桩管打入土层中，并用内管夯击密实砂填料。

碎石桩施工方法分类　　　　　　　　　　　　　　　　　表 4-3

分类	施工方法	成桩工艺	适用土类
挤密法	振冲挤密法	采用振冲器振动水冲成孔，再振动密实填料成桩，并挤密桩间土	砂性土，非饱和黏性土，以炉灰、炉渣、建筑垃圾为主的杂填土，松散的素填土
	沉管法	采用沉管成孔，振动或锤击密实填料成桩，并挤密桩间土	
	干振法	采用振孔器成孔，再用振孔器振动密实填料成桩，并挤密桩间土	
置换法	振冲置换法	采用振冲器振动水冲成孔，再振动密实填料成桩	饱和黏性土
	钻孔锤击法	采用沉管且钻孔取土方法成孔，锤击填料成桩	
排土法	振动气冲法	采用压缩气体成孔，振动或锤击填料成桩	饱和软黏土
	沉管法	采用沉管且钻孔取土方法成孔，锤击填料成桩	
	强夯置换法	采用重锤夯击成孔和重锤夯击填料成桩	
其他方法	水泥碎石桩法	在碎石内加水泥和膨润土制成桩体	饱和软黏土
	裙围碎石桩法	在群桩周围设置刚性的（混凝土）裙围来约束桩体的侧向鼓胀	
	袋装碎石桩法	将碎石装入土工聚合物袋而制成桩体，土工聚合物可约束桩体的侧向鼓胀	

4.2.6　石灰桩

石灰桩适用于处理饱和黏性土、淤泥、淤泥质土、素填土和杂填土等地基。按用料特征和施工工艺分为块灰灌入法、粉灰搅拌法、石灰浆压力喷注法三种。

块灰灌入法亦称石灰桩法，采用钢套管成孔，然后在孔中灌入新鲜生石灰块，或在生石灰块中掺入适量的水硬性掺合料和火山灰，一般的配合比为2∶8或3∶7。在拔管的同时进行振密或捣密。利用生石灰吸取桩周土体中水分进行水化反应，此时生石灰的吸水、膨胀、发热以及离子交换作用，使桩四周土体的含水率降低、孔隙比减小，使土体挤密和桩体硬化。

粉灰搅拌法亦称石灰柱法，是粉体喷射搅拌法的一种。所用的原料是石灰粉，通过特制的搅拌机将石灰粉加固料与原位软土搅拌均匀，促使软土硬结，形成石灰（土）柱。

石灰浆压力喷注法是压力注浆法的一种，采用压力将石灰浆或石灰-粉煤灰浆喷注于地基的孔隙内或预先钻好的钻孔内，使灰浆在地基土中扩散和硬凝，形成不透水的网状结构层，从而达到加固的目的。

4.2.7　土（或灰土、双灰）桩

土（或灰土、双灰）桩挤密法是处理地下水以上湿陷性黄土、新近堆积黄土、素填土和杂填土的一种地基加固方法。它是利用打入钢套管（或振动沉管、炸药爆破）在地基中成孔，通过"挤"压作用，使地基土得到加"密"，然后在孔中分层填入素土（或灰土、粉煤灰加石灰）后夯实而成土桩或灰土、双灰桩。

4.2.8　水泥粉煤灰碎石桩（CFG桩）

水泥粉煤灰碎石桩简称CFG桩，是在碎石桩基础上加进一些石屑、粉煤灰和少量水泥，加水拌合制成的一种具有一定粘结强度的桩。这种地基加固方法吸取了振冲碎石桩和水泥搅拌桩的优点。适用于处理黏性土、粉土、砂土和已正常固结的素填土等地基。对淤泥质土应按地区经验或通过现场试验确定其适用性。

4.2.9　灌浆法

灌浆法亦称注浆法，是指利用液压、气压或电化学原理，通过注浆管把浆液均匀地注入地层中，浆液以填充、渗透和挤密等方式，赶走土颗粒间或岩石裂隙中的水分和空气后占据其位置，经人工控制一定时间后，浆液将原来松散的土粒或裂隙胶结成一个整体，形成一个结构新、强度大、防水性能高和化学稳定性良好的"结石体"。灌浆法按加固原理可分为渗透灌浆、挤密灌浆、劈裂灌浆和电动化学灌浆。

各类灌浆的应用、目的和特点见表4-4。

灌浆在岩土工程治理中的应用　　　　　　　　　　　　　　　　表4-4

工程类别	应用场所	目的
建筑工程	1. 建筑物因地基土强度不足发生不均匀沉降； 2. 在摩擦桩侧面或端承桩底	1. 改善土的力学性质，对地基进行加固或纠偏处理； 2. 提高桩周摩阻力和桩端抗压强度，或处理桩底残渣过厚引起的质量问题

续表

工程类别	应用场所	目的
坝基工程	1. 基础岩溶发育或受构造断裂切割破坏; 2. 帷幕灌浆; 3. 重力坝上灌浆	1. 提高岩土密实度、均匀性、弹性模量和承载力; 2. 切断渗流; 3. 提高坝体整体性、抗滑稳定性
地下工程	1. 在建筑物基础下面挖地下铁道、地下隧道、涵洞、管线路等; 2. 洞室围岩	1. 提高岩土密实度、均匀性、弹性模量和承载力; 2. 切断渗流; 3. 提高坝体整体性、抗滑稳定性
其他	1. 边坡; 2. 桥基; 3. 路基等	维护边坡稳定,防止支挡建筑物的涌水和邻近建筑物沉降、桥墩防护、桥索支座加固、处理路基病害等

4.2.10　水泥土搅拌法

水泥土搅拌法是用于加固饱和黏性土地基的一种新方法。它是利用水泥(或石灰)等材料作为固化剂,通过特制的搅拌机械,在地基深处将软土和固化剂(浆液或粉体)强制搅拌,由固化剂在软土间所产生的一系列物理和化学反应,使软土硬结成具有整体性、水稳定性和一定强度的水泥加固土,从而提高地基强度和增大变形模量。根据施工方法的不同,水泥土搅拌法分为水泥浆搅拌(国内俗称深层搅拌法)和粉体喷射搅拌两种,前者是用水泥浆和地基土搅拌,后者是用水泥粉或石灰粉和地基土搅拌。

4.2.11　高压喷射注浆法

高压喷射注浆法(High Pressure Jet Grouting)是利用钻机把带有喷嘴的注浆管钻进至土层的预定位置后,以高压设备使浆液或水成为 $20\sim40MPa$ 的高压射流从喷嘴中喷射出来,冲击破坏土体,同时钻杆以一定速度渐渐向上提升,将浆液与土粒强制搅拌混合,浆液凝固后,在土中形成一个固结体。

高压喷射注浆法所形成的固结体形状与喷射流移动方向有关。一般分为旋转喷射(简称旋喷)、定向喷射(简称定喷)和摆动喷射(简称摆喷)三种形式。

旋喷法施工时,喷嘴一面喷射一面旋转并提升,固结体呈圆柱状。主要用于加固地基,提高地基的抗剪强度、改善土的变形性质;也可组成闭合的帷幕,用于截阻地下水流和治理流砂,也有用于场地狭窄处作围护结构。旋喷法施工后,在地基中形成的圆柱体,称为旋喷桩。

定喷法施工时,喷嘴一面喷射一面提升,喷射的方向固定不变,固结体形如板状或壁状。

摆喷法施工时喷嘴一面喷射一面提升,喷射的方向呈较小角度来回摆动,固结体形如较厚墙状。

定喷及摆喷两种方法通常用于基坑防渗、改善地基土的水流性质和稳定边坡等工程。

当前,高压喷射注浆法的基本工艺类型有:单管法、二重管法、三重管法和多重管法四种方法。

　　单管旋喷注浆法是利用钻机把安装在注浆管（单管）底部侧面的特殊喷嘴，置入土层预定深度后，用高压泥浆泵等装置，以 20MPa 以上的压力，把浆液从喷嘴中喷射出去冲击破坏土体，使浆液与从土体上崩落下来的土搅拌混合，经过一定时间凝固，便在土中形成一定形状的固结体。

　　使用双通道的二重注浆管。当二重注浆管钻进到土层的预定深度后，通过在管底部侧面的一个同轴双重喷嘴，同时喷射出高压浆液和空气两种介质的喷射流冲击破坏土体。即以高压泥浆泵等高压发生装置喷射出 20MPa 以上压力的浆液，从内喷嘴中高速喷出，并用 0.7MPa 左右压力把压缩空气，从外喷嘴中喷出。在高压浆液和它外圈环绕气流的共同作用下，破坏土体的能量显著增大，最后在土中形成较大的固结体。

　　使用分别输送水、气、浆三种介质的三重注浆管。在以高压泵等高压发生装置产生 20~30MPa 的高压水喷射流的周围，环绕一股 0.5~0.7MPa 的圆筒状气流，进行高压水喷射流和气流同轴喷射冲切土体，形成较大的空隙，再另由泥浆泵注入压力为 0.5~3MPa 的浆液填充，喷嘴做旋转和提升运动，最后便在土中凝固为较大的固结体。

　　多重管法首先需要在地面钻一个导孔，然后置入多重管，用逐渐向下运动的旋转超高压力水射流（压力约 40MPa），切削破坏四周的土体，经高压水冲击下来的土和石成为泥浆后，立即把真空泵从多重管中抽出。如此反复地冲和抽，便在地层中形成一个较大的空间。装在喷嘴附近的超声波传感器及时测出空间的直径和形状，最后根据工程要求选用浆液、砂浆、砾石等材料进行填充。于是在地层中形成一个大直径的柱状固结体，在砂性土中最大直径可达 4m。

　　高压喷射注浆法适用于处理淤泥、淤泥质土、流塑、软塑或可塑黏性土、粉土、黄土、砂土、人工填土和碎石土等地基。

4.2.12　加筋

　　土的加筋（Soil Reinforcement）是指在人工填土的路堤或挡墙内铺设土工合成材料（或钢带、钢条、尼龙绳等），或在边坡内打入土锚（或土钉、树根桩、碎石桩等）。这种人工复合的土体，可改善土体抗拉、抗压、抗剪和抗弯强度低，借以提高地基承载力、减少沉降和增加地基稳定性。这种加筋作用的人工材料称为筋体（Reinforcing Element，Inclusion）。

　　加筋土（Reinforced Earth）系由填土、在填土中布置一定量的带状拉筋以及直立的墙面板三部分组成一个整体的复合结构。这种结构内部存在着墙面土压力、拉筋的拉力及填料与拉筋间的摩擦力等相互作用的内力，这些内力互相平衡，保证了这个复合结构的内部稳定。同时，加筋土这一复合结构还要能抵抗拉筋尾部后面填土所产生的侧压力，即为加筋土挡墙的外部稳定，从而使整个复合结构稳定。

4.3　各类地基加固的检验与检测

　　如图 4-1 所示，岩土的原位测试技术中所涉及的现场测试技术都可应用到各类地基加固的检验与检测中，但在工程实践中，单桩和多桩复合地基载荷试验是检验加固效果和工程质量的一种有效而常用的方法。一般可分为工程类和试验类载荷试验两大类。工程类载荷试验是对工程质量和效果的检验，其检测数据不直接作为设计的依据，只是用以判断设计方案的正确性和施工质量。试验类载荷试验是提供工程设计的参数和确定质量检验的标准，其检测数据要求做到准确、可靠和有代表性，即试验要求比工程类载荷试验更加严格。

4.3.1 复合地基载荷试验

1）复合地基载荷试验

（1）承压板：承压板应具有足够的刚度。单桩复合地基载荷试验的承压板可用圆形或方形，面积为一根桩承担的处理面积，即应根据设计置换率来确定。多桩复合地基载荷试验的承压板可用方形或矩形，其尺寸按实际桩数所承担的处理面积确定，桩中心（或形心）应与承压板中心保持一致，并与荷载作用点相重合。

（2）试坑深度、长度和宽度：载荷板底高程应与基础底面设计高程相同。试验标高处的试坑长度和宽度，一般应大于载荷板尺寸的 3 倍。基准梁支点应在试坑之外。

（3）垫层：载荷板下宜设中、粗砂找平层，其厚度为 50～150mm，且铺设垫层和安装载荷板时坑底不宜积水。

（4）载荷及等级：设计总加荷量宜大于设计要求值的两倍，设计加荷等级可分为 8～12 级，第一级荷载可加倍。

（5）沉降测读时间：每加一级荷载前后均应各读记承压板沉降量一次，以后每 0.5h 读记一次。当 1h 内沉降量小于 0.1mm 时，即可加下一级荷载。

（6）当出现下列现象之一时，可终止试验：

① 沉降急剧增大，土被挤出或承压板周围出现明显的隆起；

② 承压板的累计沉降量已大于其宽度或直径的 6%；

③ 当达不到极限荷载，而最大加载压力大于设计要求的 2 倍。

（7）卸载级数可为加载级数的一半，等量进行，每卸一级，间隔 0.5h，读记回弹量，待卸完全部荷载后间隔 3h 读记总回弹量。

2）复合地基的变形模量

根据复合地基载荷试验按式（4-1）计算获得承压板底下（2～3）B（B 为承压板直径或宽度）深度范围内复合地基的平均变形模量

$$E=\frac{\omega pB(1-\mu^2)}{S} \tag{4-1}$$

式中　ω——与承压板的刚度和形状有关的系数，对刚性承压板，方形 $\omega=0.88$，圆形 $\omega=0.79$；

　　　μ——土的泊松比；

　　　p、s——分别为复合地基载荷试验 $p\text{-}s$ 曲线直线段上某点的压力值和对应的沉降量。

4.3.2 复合地基承载力和变形模量的测定

1）换填垫层承载力和变形模量的测定

（1）砂垫层承载力的测定

垫层的承载力决定于填筑材料的性质、施工机具能量大小及施工质量的优劣等，一般应通过试验现场确定。另外，垫层承载力的特征值必须对软弱下卧层的承载力验算后再确定。对于一般工程，尚无试验资料时，可按表 4-5 选用，并应验算软弱下卧层的承载力。

各种垫层的承载力　　　　　　　　　　　　　　　　　　表 4-5

施工方法	换填材料类别	压实系数 λ_c	承载力特征值 f_{ak}(kPa)
碾压或振密	碎石、卵石	0.94~0.97	200~300
	砂夹石(其中碎石、卵石占全重的 30%~50%)		200~250
	土夹石(其中碎石、卵石占全重的 30%~50%)		150~200
	中砂、粗砂、砾砂		150~200
	黏性土和粉土($8<I_p<14$)		130~180
	灰土	0.93~0.95	200~250
重锤夯实	土或灰土	0.93~0.95	150~200

注：1. 压实系数小，承载力特征值取低值，反之取高值；2. 重锤夯实，对土的承载力特征值的取低值，对灰土取高值。

垫层承载力亦可通过取土分析，标贯试验、动力触探等多种测试手段取得的资料进行综合分析后确定。

（2）沉降计算

当垫层断面确定后，对于重要的建筑物或垫层下存在软弱下卧层的建筑物，还应进行地基的变形计算，这时建筑物基础沉降量等于垫层自身的变形量与下卧土层的变形量之和。

$$s = s_1 + s_2 \tag{4-2}$$

式中　s——基础沉降量（mm）；

　　　s_1——垫层自身变形量（mm）；

　　　s_2——压缩层厚度范围内（自垫层底面算起）各土层压缩变形之和（mm）。

砂垫层的压缩模量应由载荷试验确定，当无试验资料时，砂垫层的压缩模量可选用 24~30MPa。

砂垫层的自身变形量可按式（4-3）计算。

$$s = \left(\frac{p+\alpha p}{2} \cdot z\right)\Big/ E_s \tag{4-3}$$

$$p = N/F + \gamma_D \cdot D \tag{4-4}$$

式中　p——基底平均有效压力（kPa），计算方法见式（4-4）；有相邻基础影响时，应另加相邻基础传来的附加应力；

　　　N——地表面以上建筑物传给基础的垂直荷载（kN）；

　　　F——基础底面积（m²）；

　　　D——基础埋置深度（m）；

　　　γ_D——基础底面以上回填土与基础的混合重度（一般可取 20kN/m³），地下水位以下取浮重度；

　　　α——基底有效压力扩散系数。

对超出原地面标高的垫层或换填材料的密度高于天然土层密度的垫层，应及早换填，并应考虑垫层的附加荷载对建筑物及邻近建筑物的影响（其值可按应力叠加原理，采用角点法计算）。

（3）干渣垫层承载力和变形模量的测定

干渣垫层承载力和变形模量 E_0 宜通过现场试验确定。当无试验资料时，可按表 4-6 选用，且应满足软弱下卧层的强度和变形要求。

干渣垫层承载力特征值 f_{ak} 和变形模量 E_0 的参考值　　　　表 4-6

施工方法	干渣分类	压实指标	f_{ak}(kPa)	E_0(MPa)
平板振动器	分级干渣 混合干渣	密实(同一点前后两次 压陷小于 2mm)	300	30
	原状干渣		250	25
8～12t 压路机	分级干渣 混合干渣	同上	400	40
	原状干渣		300	30
2～4t 振动压路机	分级干渣 混合干渣	同上	400	40
	原状干渣		300	30

2）预压的地基土承载力和变形模量的测定

对预压的地基土应进行原位十字板剪切试验和室内土工试验。必要时，尚应进行现场载荷试验来测定地基土的承载力和变形模量，试验数量不应少于 3 点。

3）强夯处理后的地基承载力和变形模量的测定

强夯处理后的地基承载力和变形模量的测定应采用原位测试和室内土工试验，强夯置换后的地基承载力和变形模量的测定，除应采用单墩载荷试验外，尚应采用动力触探等有效手段查明置换墩着底情况及承载力与密度随深度的变化，对饱和粉土地基允许采用单墩复合地基载荷试验代替单墩载荷试验。

4）碎（砂）石桩复合地基、强夯置换墩、土挤密桩、石灰桩、柱锤冲扩桩、CFG 桩、夯实水泥土桩、水泥土搅拌桩、旋喷桩复合地基承载力特征值和变形模量的测定

（1）复合地基承载力特征值的测定

当复合地基载荷试验 Q-s 曲线上极限荷载能确定，而其值不小于对应比例界限的 2 倍时，可取比例界限；当其值小于对应比例界限的 2 倍时，可取极限荷载的一半。

当复合地基载荷试验 Q-s 曲线是平缓的光滑曲线时，可按相对变形值确定：

① 对于碎（砂）石桩、振冲桩或强夯置换墩：当以黏性土为主的地基，可取 s/b 或 $s/d=0.15$ 所对应的压力（s 为载荷板稳定沉降值，b 和 d 分别为承压板边长或直径，当其大于 2m 时，按 2m 计算）；当以粉土或砂土为主的地基，可取 s/b 或 $s/d=0.01$ 所对应的压力。

② 对于土挤密桩、石灰桩、柱锤冲扩桩复合地基，可取 s/b 或 $s/d=0.012$ 所对应的压力。对灰土挤密桩复合地基，可取 s/b 或 $s/d=0.008$ 所对应的压力。

③ 对于 CFG 桩、夯实水泥土桩复合地基，当以卵石、圆砾、密实粗中砂为主的地基，可取 s/b 或 $s/d=0.008$ 所对应的压力；当以黏性土、粉土为主的地基，可取 s/b 或 $s/d=0.01$ 所对应的压力。

④ 对于水泥土搅拌桩、旋喷桩复合地基，可取 s/b 或 s/d ＝0.006 所对应的压力。

⑤ 对于有经验的地区，也可按当地经验确定相对变形值。按相对变形值确定的承载力特征值不应大于最大加载压力的一半。

复合地基载荷试验数量不应少于总桩数的 0.5％，且每个单体工程不应少于 3 点，当满足其极差不超过平均值的 30％时，可取其平均值为复合地基承载力特征值。

（2）复合地基的压缩模量

复合地基的压缩模量可按下式计算：

$$E_{sp}=[1+m(n-1)]E_s \tag{4-5}$$

$$m=d^2/d_e^2 \tag{4-6}$$

式中　E_{sp}——复合地基压缩模量（MPa）；

E_s——桩间土压缩模量（MPa），宜按当地经验取值，如无经验时，可取天然地基压缩模量；

n——桩土应力比，在无实测资料时，可取 2～4，原土强度低取大值，原土强度高取小值；

m——桩土面积置换率；

d——桩身平均直径（m）；

d_e——一根桩分担的处理地基面积的等效圆直径；

等边三角形布桩　　　　　　d_e＝1.05S

正方形布桩　　　　　　　　d_e＝1.13S

矩形布桩　　　　　　　　　d_e＝1.13S_1S_2

S、S_1、S_2——分别为桩间距、纵向间距和横向间距。

4.3.3　各类地基加固效果的检测

1）砂（砂石、碎石）垫层质量的检测

砂（砂石、碎石）垫层的质量检测应随施工分层进行。检测方法主要有环刀法、贯入测定法。

（1）环刀法

用容积不小于 200cm³ 的环刀压入每层 2/3 的深度处取样，取样前测点表面应刮去 30～50mm 厚的松砂，环刀内砂样应不包含尺寸大于 10mm 的泥团和石子。测定其干密度符合设计则认为合格。

砂石或卵（碎）石垫层的质量检测，可在砂石（或碎石、卵石、砾石）垫层中设置纯砂点，在相同的施工条件下，用环刀取样测定其干密度。

（2）贯入测定法

先将砂垫层表面 30～50mm 厚的砂刮去，然后用贯入度大小来定性地检查砂垫层的质量。根据砂垫层的控制干密度预先进行相关性试验确定贯入度值，可采用直径 ϕ20mm 及长度 1.25m 的平头钢筋，自 700mm 高处自由落下，贯入深度以不大于根据该砂的控制干密度测定的深度为合格。

检测点的间距应小于 4m，当取样检测垫层的质量时，对大基坑 50～100m² 应不少于 1 个检测点，对基槽每 10～20m 应不少于 1 个点；每个单独柱基应不少于 1 个点。

对重锤夯实的质量检测，除按试夯要求检查施工记录外，总夯沉量不应小于试夯总夯沉量的90%。砂（砂砾、碎石）垫层填筑工程竣工质量验收可用：①静载荷试验法；②$N_{60.5}$标准贯入试验；③N_{10}轻便触探法；④动测法；⑤静力触探等中的一种或几种方法进行检测。

2）干渣垫层质量检测

干渣垫层质量检测包括分层施工质量检测和工程质量验收。

分层施工质量检测应达到表面坚实、平整、无明显缺陷，压陷差小于2mm。工程质量验收可通过载荷试验进行，在有充分试验依据时，也可采用标准贯入试验或静力触探试验。当有成熟经验表明，通过分层施工质量检测能满足工程要求时，也可不进行工程质量的整体验收。

3）堆载预压、真空预压加固效果的检测

对以稳定性控制的重要工程，应在预压区内选择有代表性地点预留孔位，对堆载预压法在堆载不同阶段和对真空预压法在抽真空结束后，进行不同深度的十字板抗剪强度试验并取土进行室内试验，以验算地基的抗滑稳定性，并检测地基的处理效果。

在预压期间应及时整理变形与时间、孔隙水压力与时间等关系曲线，推算地基的最终固结变形量、不同时间的固结度和相应的变形量，以分析处理效果，并为确定卸载时间提供依据。

真空预压加固地基除应进行地基变形和孔隙水压力观测外，尚应量测膜下真空度和砂井不同深度的真空度。真空度应满足设计要求。

4）强夯加固效果的检测

强夯施工结束后应间隔一定时间方能对地基加固质量进行检测。对碎石土和砂土地基，其间隔时间可取1~2周；对低饱和度的粉土和黏性土地基可取3~4周。应进行现场试验和室内土工试验。

（1）室内土工试验：主要通过夯击前、后土的物理力学性质指标的变化来判断其加固效果。其项目包括：抗剪强度指标（c，φ值）、压缩模量（或压缩系数）、孔隙比、重度、含水率等。

（2）现场试验：其项目包括十字板试验、动力触探试验（包括标准贯入试验）、静力触探试验、旁压仪试验、载荷试验、波速试验、扁铲侧胀试验。

检测点位置可分别布置在夯坑内、夯坑外和夯击区边缘。其数量应根据场地复杂程度和建筑物的重要性确定。对简单场地上的一般建筑物，每个建筑物地基的检测点不应少于3处；对复杂场地或重要建筑物地基应增加检测点数。检测深度应不小于设计处理的度。

此外，质量检测还包括检查强夯施工过程中的各项测试数据和施工记录，凡不符合设计要求时应补夯或采取其他有效措施。

此外，在大面积施工之前应选择面积不小于$400m^2$的场地进行现场试验，以便取得设计数据。测试工作一般有以下几个方面内容：

① 地面及深层变形

地面变形研究的目的有：

a. 了解地表隆起的影响范围及垫层的密实度变化；

b. 研究夯击能与夯沉量的关系，用以确定单点最佳夯击能；

c. 确定场地平均沉降和搭夯的沉降量，用以研究强夯的加固效果。

变形研究的手段有：地面沉降观测、深层沉降观测和水平位移观测。

地面变形的测试是对夯击后土体变形的研究。每夯击一次应及时测量夯击坑及其周围的沉降量、隆起量和挤出量。对场地的夯前和夯后平均标高的水准测量，可直接观测出强夯法加固地基的变形效果。在分层土面上或同一土层上的不同标高处埋设一般深层沉降标，用以观测各分层土的沉降量，以及强夯法对地基土的有效加固深度；在夯坑周围埋设带有滑槽的测斜导管，再在管内放入测斜仪，在一定深度范围内测定土体在夯击作用下的侧向位移情况。

② 孔隙水压力

一般可在试验现场沿夯击点等距离的不同深度以及等深度的不同距离埋设双管封闭式孔隙水压力仪或钢弦式孔隙水压力仪，在夯击作用下，进行对孔隙水压力沿深度和水平距离的增长和消散的分布规律研究，从而确定两个夯击点间的夯距、夯击的影响范围、间歇时间以及饱和夯击能等参数。

③ 侧向挤压力

将带有钢弦式土压力盒的钢板桩埋入土中后，在强夯加固前，各土压力盒沿深度分布的土压力的规律，应与静止土压力相近似。在夯击作用下，可测试每夯击一次的压力增量沿深度的分布规律。

④ 振动加速度

研究地面振动加速度的目的，是便于了解强夯施工时的振动对现有建筑物的影响。为此，在强夯时应沿不同距离测试地表面的水平振动加速度，绘成加速度与距离的关系曲线。当地表的最大振动加速度为 0.98m/s^2 处（即认为相当于 7 度地震烈度）作为设计时振动影响安全距离。

5）碎（砂）石桩、石灰桩、土（或灰土、二灰）桩加固效果的检测

（1）碎（砂）石桩加固效果的检测

碎（砂）石桩施工结束后，除砂土地基外，应间隔一定时间方可进行质量检测。对黏性土地基、间隔时间可取 3～4 周，对粉土地基可取 2～3 周。

常用的方法有单桩载荷试验和动力触探试验以及单桩复合地基和多桩复合地基大型载荷试验。

单桩载荷试验，可按每 200～400 根桩随机抽取一根进行检测，但总数不得少于 3 根。

对砂土或粉土层中碎（砂）石桩，除用单桩载荷试验检测外，尚可用标准贯入、静力触探等试验对桩间土进行处理前后的对比试验。对砂桩还可采用标准贯入或动力触探等方法检测桩的挤密质量。复合地基加固效果的检测，检验点数量可按处理面积的大小取 2～4 组。

（2）石灰桩加固效果的检测

① 桩身质量的保证与检测

a. 控制灌灰量；

b. 静探测定桩身阻力，并建立 p_s 与 E_s 关系；

c. 挖桩检测与桩身取样试验，这是最为直观的检测方法；

d. 载荷试验，是比较可靠的检测桩身质量的方法，如再配合桩间土小面积载荷试验，可推算复合地基的承载力和变形模量。此外，也可采用轻便触探法进行检测。

② 桩周土检测

桩周土用静探、十字板和钻孔取样方法进行检测，一般可获得较满意的结果。有的地区已建立了利用静探和标贯的资料反映加固效果，以检测施工质量和确定设计参数的关系。

③ 复合地基检测

对重要工程可采用大面积载荷板的载荷试验来检测石灰桩的加固效果。

（3）土（或灰土、二灰）桩加固效果的检测

抽样检测的数量不应小于桩孔总数的 2%，不合格处应采取加桩或其他补救措施。夯实质量的检测方法有下列几种：

① 轻便触探检测法

先通过试验夯填，求得"检定锤击数"，施工检测时以实际锤击数不小于检定锤击数为合格。

② 环刀取样检测法

先用洛阳铲在桩孔中心挖孔或通过开剖桩身，从基底算起沿深度方向每隔 1.0～1.5m 用带长把的小环刀分层取出原状夯实土样，测定其干密度。

③ 载荷试验法

对重要的大型工程应进行现场载荷试验和浸水载荷试验，直接测试承载力和湿陷情况。

上述前两项检测法，其中对灰土桩应在桩孔夯实后 48h 内进行，二灰桩应在 36h 内进行，否则将由于灰土或二灰的胶凝强度的影响而无法进行检测。

对一般工程，主要应检查桩和桩间土的干密度和承载力；对重要或大型工程，除应检测上述内容外，尚应进行载荷试验或其他原位测试。也可在地基处理的全部深度内取样测定桩间土的压缩性和湿陷性。

6）CFG 桩加固效果的检测

CFG 桩施工结束后，应间隔 28d 方可进行加固效果的检测。

（1）桩间土检测

桩间土质量检测可用标准贯入、静力触探和钻孔取样等试验对桩间土进行处理前后的对比试验。对砂性土地基可采用标准贯入或动力触探等方法检测挤密程度。

（2）单桩和复合地基检测

可采用单桩载荷试验、单桩或多桩复合地基载荷试验进行加固效果的检测。检测点数量可按处理面积大小取 2～4 点。

7）灌浆效果的检测

灌浆效果与灌浆质量的概念不完全相同。灌浆质量一般是指灌浆施工是否严格按设计和施工规范进行，例如灌浆材料的品种规格、浆液的性能、钻孔角度、灌浆压力等，都要求符合规范的要求，否则应根据具体情况采取适当的补充措施；灌浆效果则指灌浆后能将地基土的物理力学性质提高的程度。

灌浆质量高不等于灌浆效果好。因此，设计和施工中，除应明确规定某些质量指标外，还应规定所要达到的灌浆效果及检测方法。

灌浆效果的检测，通常在注浆结束后 28d 才可进行，检测方法如下：

（1）统计计算灌浆量。可利用灌浆过程中的流量和压力自动曲线进行分析，从而判断灌浆效果；

（2）利用静力触探测试加固前后土体力学指标的变化，用以了解加固效果；

（3）在现场进行抽水试验，测定加固土体的渗透系数；

（4）采用现场静载荷试验，测定加固土体的承载力和变形模量；

（5）采用钻孔弹性波试验测定加固土体的动弹性模量和剪切模量；

（6）采用标准贯入试验或轻便触探等动力触探方法测定加固土体的力学性能，此法可直接得到灌浆前后原位土的强度，进行对比；

（7）进行室内试验。通过加固前后土的物理力学指标的室内对比试验，判定加固效果；

（8）采用 γ 射线密度计法。它属于物理探测方法的一种，在现场可测定土的密度，用以说明灌浆效果；

（9）使用电阻率法。将灌浆前后对土所测定的电阻率进行比较，根据电阻率差说明土体孔隙中浆液的存在情况。

检测点一般为灌浆孔数的 2％～5％，如检测点的不合格率等于或大于 20％，或虽小于 20％但检测点的平均值达不到设计要求，在确认设计原则正确后应对不合格的注浆区实施重复注浆。

8）水泥土搅拌法加固效果的检测

（1）施工期质量检验

在施工期，每根桩均应有一份完整的质量检验单，施工人员和监理人员签名后作为施工档案。质量检验主要有下列 12 项：

① 桩位。通常定位偏差不应超出 50mm。施工前在桩中心插桩位标，施工后将桩位标复原，以便验收；

② 桩顶、桩底高程。均不应低于设计值。桩底一般应超深 100～200mm，桩顶应超高 0.5m；

③ 桩身垂直度。每根桩施工时均应用水准尺或其他方法检查导向架和搅拌轴的垂直度，间接测定桩身垂直度。通常垂直度误差不应超过 1％。当设计对垂直度有严格要求时，应按设计标准检验；

④ 桩身水泥掺量。按设计要求检查每根桩的水泥用量。通常考虑到按整包水泥计量的方便，允许每根桩的水泥用量在±25kg（半包水泥）范围内调整；

⑤ 水泥强度等级。水泥品种按设计要求选用。对无质保书或有质保书的小水泥厂的产品，应先做试块强度试验，试验合格后方可使用。对有质保书的水泥产品，可在搅拌施工时进行抽查试验；

⑥ 搅拌头上提喷浆（或喷粉）的速度。一般均在上提时喷浆或喷粉，提升速度不超过 0.5m/min。通常采用二次搅拌。当第二次搅拌时不允许出现搅拌头未到桩顶，浆液（或水泥粉）已拌完的现象。有剩余时可在桩身上部第三次搅拌；

⑦ 外掺剂的选用。采用的外掺剂应按设计要求配制。常用的外掺剂有氯化钙、碳酸钠、三乙醇胺、木质素磺酸钙、水玻璃等；

⑧ 浆液水灰比。通常为 0.4～0.5，不宜超过 0.5。浆液拌合时应按水灰比定量加水；

⑨ 水泥浆液搅拌均匀性，应注意贮浆桶内浆液的均匀性和连续性，喷浆搅拌时不允许出现输浆管道堵塞或爆裂的现象；

⑩ 喷粉搅拌的均匀性。应有水泥自动计量装置，随时有指示喷粉过程中的各项参数，包括压力、喷粉速度和喷粉量等；

⑪ 喷粉到距地面 1～2m 时，应无大量粉末飞扬，通常需适当减小压力，在孔口加防护罩；

⑫ 对基坑开挖工程中的侧向围护桩，相邻桩体要搭接施工，施工应连续，其施工间歇时间不宜超过 8～10h。

(2) 工程竣工后加固效果的检测

① 标准贯入试验或轻便触探等动力试验

用这种方法可通过贯入阻抗估算土的物理力学指标，检验不同龄期的桩体强度变化和均匀性，所需设备简单，操作方便。用锤击数估算桩体强度需积累足够的工程资料，在目前尚无规范可作为依据时，可借鉴同类工程，或采用 Terzaghi-Peck 经验公式：

$$f_{cu} = \frac{1}{80} N_{63.5} \tag{4-7}$$

式中　f_{cu}——桩体无侧限抗压强度（MPa）；

$N_{63.5}$——标准贯入试验的贯入击数。

轻便动力触探试验：根据现有的轻便触探击数 N_{10} 与水泥土强度对比关系分析，当桩身 1d 龄期的击数 N_{10} 已大于 15 击时，或者 7d 龄期的击数 N_{10} 已大于原天然地基击数 N_{10} 的两倍以上，则桩身强度已能达到设计要求。当每贯入 100mm，其击数大于 30 击时即应停止贯入，继续贯入则桩头可能发生开裂或损坏，影响桩头质量。同时，可用轻便触探器中附带的勺钻，在水泥土桩桩身钻孔，取出水泥土桩芯，观察其颜色是否一致；是否存在水泥浆富集的结核或未被搅拌均匀的土团。

② 静力触探试验

静力触探可连续检查桩体长度内的强度变化。用比贯入阻力 p_s 估算桩体强度需有足够的工程试验资料，在目前积累资料尚不够的情况下，可借鉴同类工程经验或用式（4-8）估算桩体无侧限抗压强度：

$$f_{cu} = \frac{1}{10} p_s \tag{4-8}$$

水泥土搅拌桩制桩后用静力触探测试桩身强度沿深度的分布图，并与原始地基的静力触探曲线相比较，可得桩身强度的增长幅度；并能测得断浆（粉）、少浆（粉）的位置和桩长。整根桩的质量情况将暴露无遗。

③ 取芯检测

用钻孔方法连续取水泥土搅拌桩桩芯，可直观地检测桩体强度和搅拌的均匀性。取芯通常用 $\phi106$ 岩芯管，取出后可当场检查桩芯的连续性、均匀性和硬度，并用锯、刀切割成试块做无侧限抗压强度试验。但由于桩的不均匀性，在取样过程中水泥土很易产生破碎，取出的试件做强度试验很难保证其真实性。使用本方法取桩芯时应有良好的取芯设备和技术，确保桩芯的完整性和原状强度。进行无侧限强度试验时，可视取位时对桩芯的损坏程度，将设计强度指标乘以 0.7～0.9 的折减系数。

④ 截取桩段做抗压强度试验

在桩体上部不同深度现场挖取 50cm 桩段，上、下截面用水泥砂浆整平，装入压力架后用千斤顶加压，即可测得桩身抗压强度及桩身变形模量。

⑤ 静载荷试验

对承受垂直荷重的水泥土搅拌桩，静载荷试验是最可靠的质量检测方法。

对于单桩复合地基载荷试验，载荷板的大小应根据设计置换率来确定，即载荷板面积应为一根桩所承担的处理面积；否则，应予修正。试验标高应与基础底面设计标高相同。对单桩静载荷试验，在板顶上要做一个桩帽，以便受力均匀。

载荷试验应在 28d 龄期后进行，检测点数每个场地不得少于 3 点。若试验值不符合设计要求时，应增加检测孔的数量，若用于桩基工程，其检测数量应不少于第一次的检测量。

⑥ 开挖检验

可根据工程设计要求，选取一定数量的桩体进行开挖，检查加固桩体的外观质量、搭接质量和整体性等。

⑦ 沉降观测

建筑物竣工后，尚应进行沉降、侧向位移等观测。这是最为直观检测加固效果的理想方法。

对作为侧向围护的水泥土搅拌桩，开挖时主要检测以下项目：

a. 墙面渗漏水情况；

b. 桩墙的垂直和整齐度情况；

c. 桩体的裂缝、缺损和漏桩情况；

d. 桩体强度和均匀性；

e. 桩顶和路面顶板的连接情况；

f. 桩顶水平位移量；

g. 坑底渗漏情况；

h. 坑底隆起情况。

对于水泥土搅拌桩的检测，由于试验设备等因素的限制，只能限于浅层。对于深层强度与变形、施工桩长及深度方向水泥土的均匀性等的检测，目前尚没有更好的方法，有待于今后进一步研究解决。

9）高压喷射注浆加固效果的检测

（1）检测内容

① 固结体的整体性和均匀性；

② 固结体的有效直径；

③ 固结体的垂直度；

④ 固结体的强度特性（包括桩的轴向压力、水平力、抗酸碱性、抗冻性和抗渗性等）；

⑤ 固结体的溶蚀和耐久性能。

喷射质量的检测：

① 施工前，主要通过现场旋喷试验，了解设计采用的旋喷参数、浆液配方和选用的外加剂材料是否合适，固结体质量能否达到设计要求。如某些指标达不到设计要求时，则

可采取相应措施，使喷射质量达到设计要求。

② 施工后，对喷射施工质量的鉴定，一般在喷射施工过程中或施工告一段落时进行。检查数量应为施工总数的 2%～5%，少于 20 个孔的工程，至少要检验 2 个点。检验对象应选择地质条件较复杂的地区及喷射时有异常现象的固结体。

凡检验不合格者，应在不合格的点位附近进行补喷或采取有效补救措施，然后再进行质量检验。

高压喷射注浆处理地基的强度较低，28d 的强度在 1～10MPa，强度增长速度较慢。检验时间应在喷射注浆后四周进行，以防在固结度强度不高时，因检验而受到破坏，影响检验的可靠性。

（2）检测方法

① 开挖检验

待浆液凝固具有一定强度后，即可开挖检查固结体垂直度和固结形状。

② 钻孔取芯

在已旋喷好的固结体中钻取岩芯，并将岩芯做成标准试件进行室内物理和力学性能试验。根据工程的要求亦可在现场进行钻孔，做压力注水和抽水两种渗透试验，测定其抗渗能力。

③ 标准贯入试验

在旋喷固结体的中部可进行标准贯入试验。

④ 载荷试验

静载荷试验分垂直和水平载荷试验两种。做垂直载荷试验时，需在顶部 0.5～1.0m 范围内浇筑 0.2～0.3m 厚的钢筋混凝土桩帽。做水平推力载荷试验时，在固结体的加载受力部位浇筑 0.2～0.3m 厚的钢筋混凝土加荷载面，混凝土的强度等级不低于 C20。

10）锚杆加固效果的检测

在锚杆上连接钢筋计或贴电阻应变片，可用以量测锚杆应力分布及其变化规律。也可在锚杆端部安装锚杆反力计，量测锚杆的受力大小及其变化发展规律。

对一般的锚杆工程，抗拔力试验是必要的，试验数量应为其总数的 1%，且不少于 3 根。检测的合格标准为：抗拔力平均值应大于设计极限抗拔力；抗拔力最小值应大于设计极限抗拔力的 0.9 倍。抗拔力设计安全系数：对临时性工程可取 1.5；对永久性工程可取 2.0。

对支护系统整体效果最为主要的检测是对墙体或斜坡在施工期间或竣工后的变形观测。最为直观或最为重要的监测是土钉墙或锚杆顶面的水平位移和垂直位移；对土体内部变形的监测，可在坡面后不同距离的位置布置测斜管，用测斜仪进行观测。其他尚有对锚杆应力、土压力和面层应力等监测项目。可根据实际工程的需要，做好施工期间的监测，从而可达到信息化施工的目的，这对保证工程质量和安全具有极为重要的意义。

4.4 工程实例

4.4.1 工程背景

工程实例为天津市某港口工程，使用真空预压法加固软黏土地基。

图 4-2 为施工现场加固区及测点布置示意图。预加固区长 364.5m，宽 51m，为了施工和监测方便将其划分为两个区块，即 1 区和 2 区。

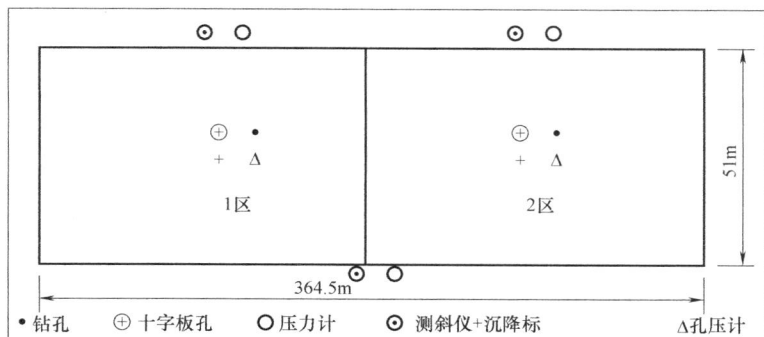

图 4-2　加固区及测点布置示意

根据地质勘察报告，表 4-7 给出了预加固区土体的物理力学指标。由表 4-7 可以看出，第一层即地表以上 6m 内为经水力吹填上来的欠固结软黏土；第二层为粉土，其强度相对较高。这两层以下为 20m 厚的高压缩性粉质黏土和中压缩性软黏土。

地质勘察结果　　　　　　　　　　　　　　　　　　　　　　表 4-7

层号	标高（m）	土性描述
1	+0.0～+6.0	水力吹填软黏土，黄灰色，饱和，高塑性，高压缩性
2	−2.0～+0.0	粉土，灰色，饱和
3	−5.0～−2.0	粉质黏土和软黏土，灰褐色，高塑性，高压缩性
4	−7.0～−5.0	粉质黏土，灰褐色，高塑性
5	−18.0～−7.0	粉质黏土，灰绿色，中压缩性

图 4-3 分别给出了两个区块中地基土的基本物理力学指标分布。由图 4-3（b）可见，地基土的含水率一般大于等于 50%，接近土体的液限，抗剪强度普遍较低。

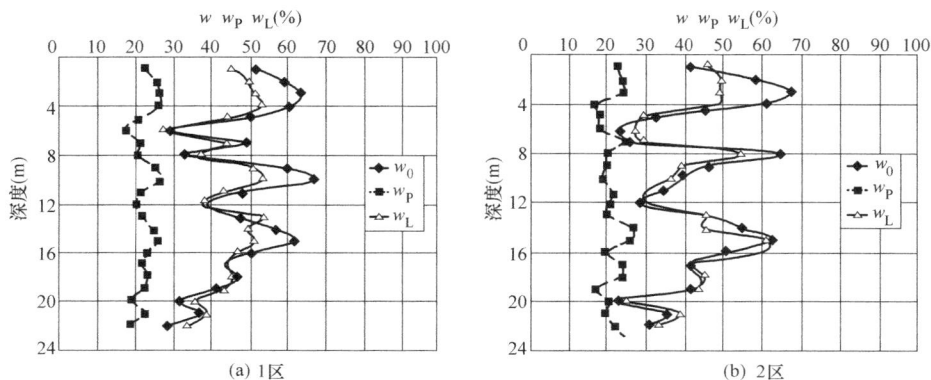

图 4-3　地基土土性指标分布

4.4.2　监测过程

对真空预压的整个施工过程进行跟踪监测，分别在两个区块中布设了如下的监测仪器：孔隙水压力计、表面沉降观测仪、深层分层沉降仪、压力计、测斜仪。仪器的布置图可参见图4-2（平面图）和图4-4（立面图）。同时对加固前、后的土体进行了室内不排水试验和现场原位十字板试验。

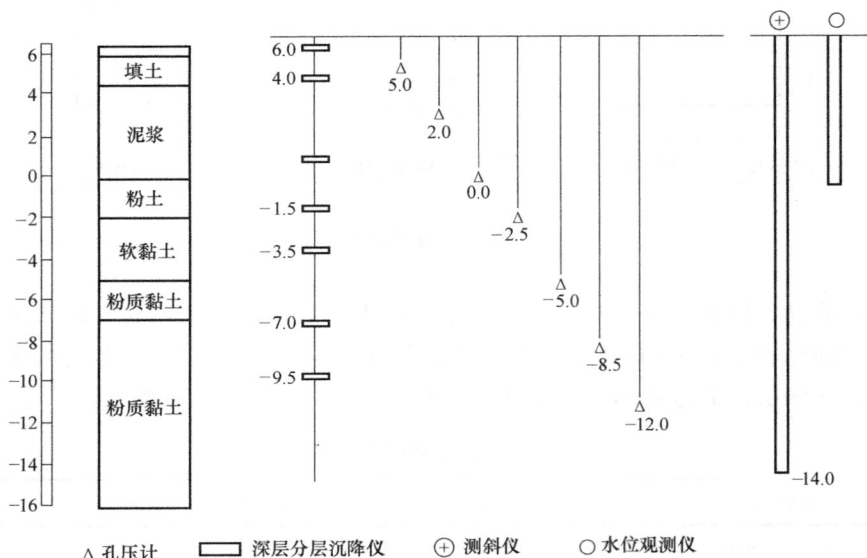

图4-4　仪器布置（立面图）

1）沉降量观测

在打设排水板的施工过程中，观测到的平均沉降量为0.58m。如图4-5所示为真空预压前观测到的地基中的孔隙水压力分布图。从图中可以看出，量测到的孔隙水压力明显大于静水压力，说明土体处于欠固结状态。排水板打设完毕后，为土体提供了竖向排水通道，土体在自重作用下固结，因此产生一定的沉降。

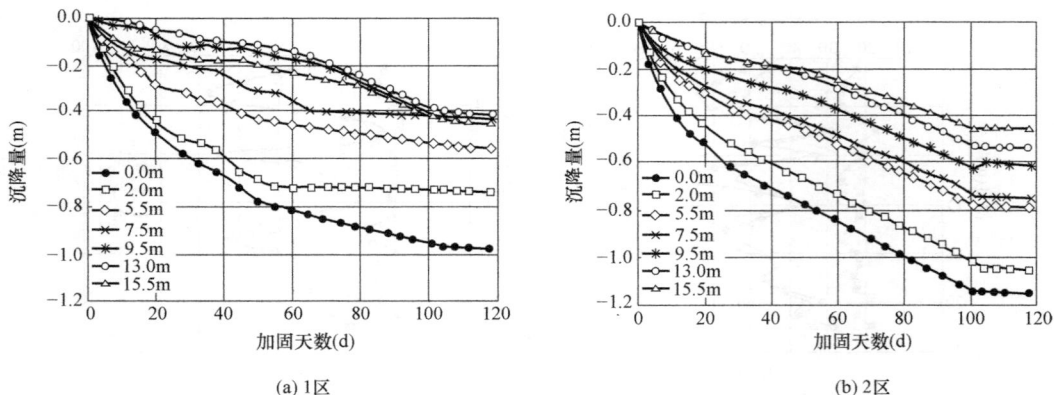

(a) 1区　　　(b) 2区

图4-5　观测到的孔隙水压力和静止水压力

在真空荷载的施加过程中，地表沉降随着真空压力的施加而逐渐增长，见图4-6。

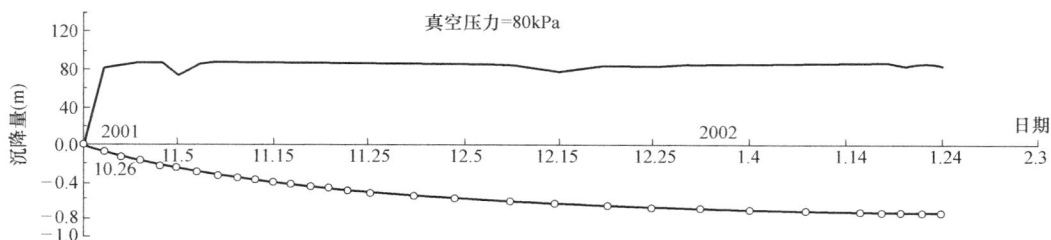

图4-6　地表沉降随真空压力的变化

图4-7给出了地面以下不同深度处观测到的沉降量随施加的真空压力而变化的曲线。观测得到的地表最大沉降量为1.232m，最小沉降量为1.024m，平均沉降量为1.106m。

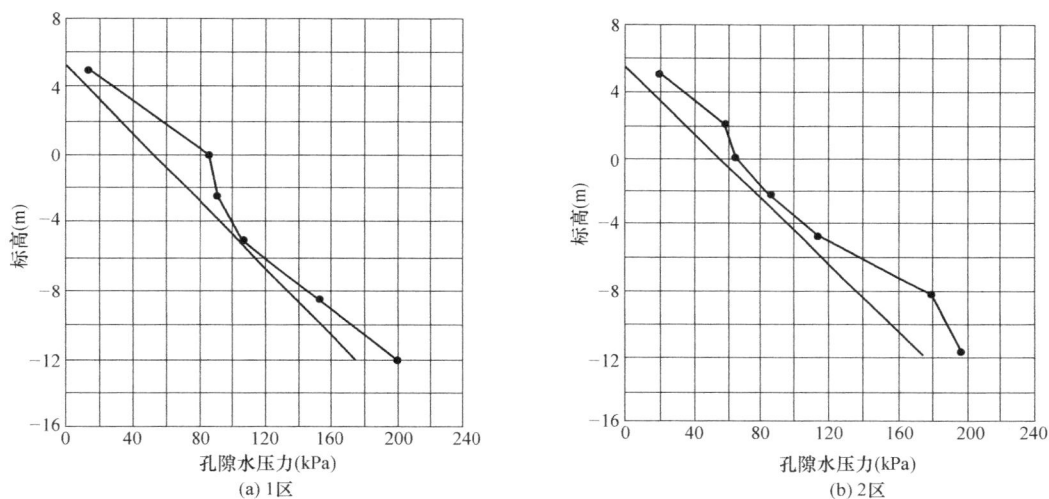

图4-7　不同深度处沉降量观测值

2）孔隙水压力观测

在真空荷载的作用下，地基土体中的孔隙水压力不断减小。图4-8给出了不同深度处孔隙水压力随时间变化的曲线。从图中可以看出，土体中不同深度的孔隙水压力变化在加荷两个半月的时间后，趋于稳定。由观测结果可知，80kPa的真空压力沿竖向塑料排水板均匀分布，说明真空压力的施加是相当有效的。

4.4.3　观测结果分析

1）土体的固结度

土体的固结度 U_t 可通过沉降量或孔隙水压力计算得到。根据图4-8给出的孔隙水压力观测值，经计算得到：1区平均固结度为92.5%；2区平均固结度为92.4%。

2）真空预压前、后土性的变化

对场地内的土体进行十字板试验，图4-9给出了十字板试验结果。从图中可以看出加

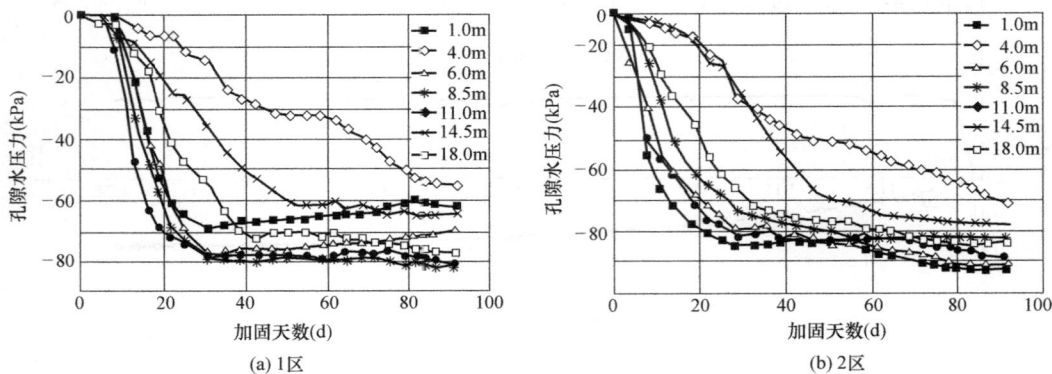

图 4-8 不同深度孔隙水压力随时间变化曲线

固后十字板强度明显增长，对于软黏土其强度增长 20%，地基承载力达到 80kPa。同样，对加固前、后的土体进行了相关的物理力学指标试验。图 4-10 给出了地基土含水率的变化，从图中可以看出土体的初始含水率越高，土体失水越多。图 4-11 给出了地基土压缩性的变化，同样地，土体越软其增长幅度越大。

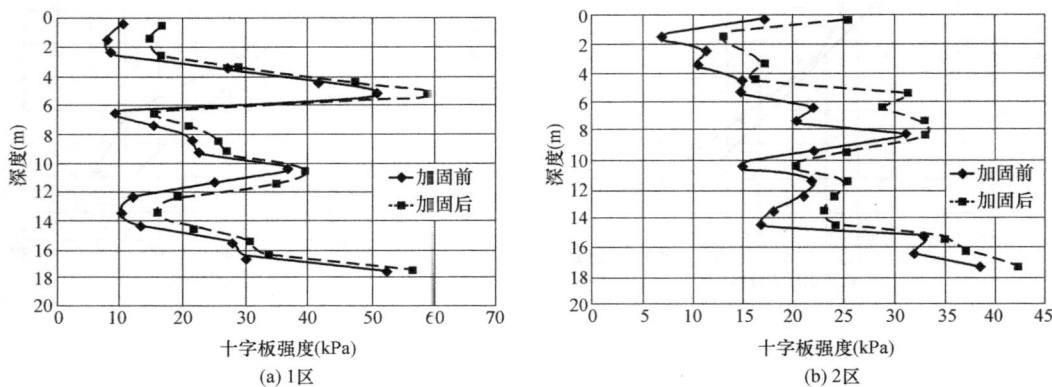

图 4-9 加固前、后十字板强度变化曲线

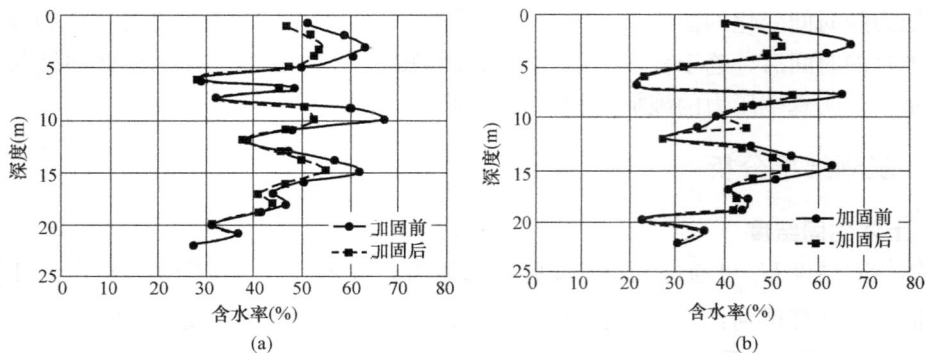

图 4-10 加固前、后土体含水率的变化曲线

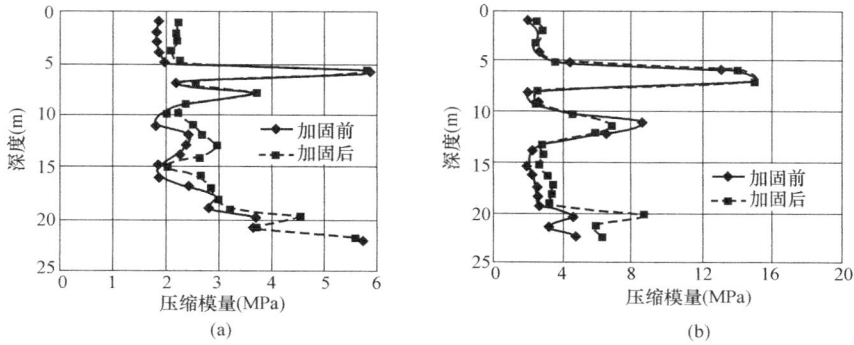

图 4-11　加固前、后土体压缩性的变化曲线

3）水平向位移

由于真空压力的作用，引起加固区内土体发生向内侧的水平位移。作者对加固区的水平位移进行了观测。图 4-12 为 1 区土体水平向位移随深度变化曲线。从图中可见，水平向位移在地表最大，随深度的增加急剧减小。距加固区数米外的土体在地表附近发生开裂，由于该工程场地附近没有邻近建筑物和其他设施，水平向的位移不会导致不良后果。但是水平向产生的位移，应引起足够的重视，特别是当场地附近有建筑物时，这种位移是相当不利的。

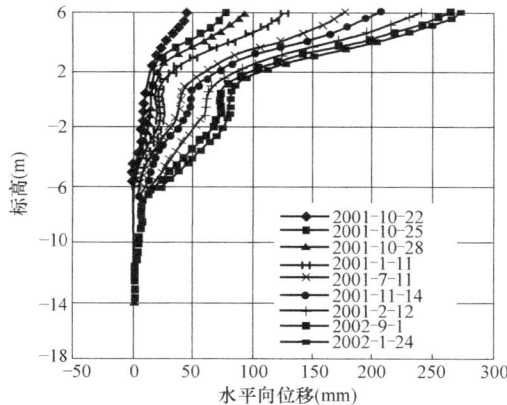

图 4-12　1 区土体水平向位移随深度变化曲线

4.5　本章练习题

1. 对已选定的地基处理方法，如何验证其设计参数和处理效果的可靠性和适宜性？
2. 简述各种现场测试方法的适用范围。
3. 换填垫层法中，每一垫层的施工质量如何检验？
4. 复合地基载荷试验中止试验的条件有哪些？
5. 对垫层承载力除现场载荷试验确定外，应如何取值？
6. 如何测定复合地基的承载力和变形模量？

7. 真空预压加固软黏土地基的监测内容有哪些?

8. 强夯加固后检测的时间要求是什么? 强夯试验现场测试的内容有哪些?

9. 水泥土搅拌桩施工期质量检验的内容有哪些?

10. 简述 CFG 桩加固效果的检测内容和要求。

11. 高压喷射注浆加固效果的检测内容有哪些? 如何检测?

12. 如何进行锚杆加固效果的检测?

第5章

加筋锚杆测试技术

5.1 锚杆与类型及选择

5.1.1 锚杆的锚固原理

与锚杆直接作用的是复杂多变的岩土体，这给锚杆的力学行为及锚固作用原理的观测和研究带来了很大困难。现有的多数有关锚杆支护作用和效果的试验都是在限定条件下和理想化基础上进行的。因此，目前对锚杆锚固原理了解还不够深入，但以下几种锚固作用机理得到了工程和理论界的普遍认同。

1）悬吊作用

悬吊作用理论认为，锚杆支护是通过锚杆将软弱、松动、不稳定的岩土体悬吊在深层稳定的岩土体上，以防止其离层滑脱。这种作用在地下结构锚固工程中，表现得尤为突出，如图 5-1 所示。

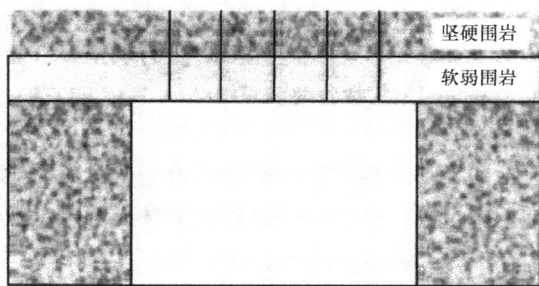

图 5-1　锚杆的悬吊作用

从图 5-1 可以看出，起悬吊作用的锚杆，主要是提供拉力，用以克服滑落岩土体的重力或下滑力，来维持工程结构的稳定。

2）组合梁作用

组合梁作用是较早提出来的，也是一般公认的支护作用原理之一。这种原理是把薄层状岩体看成一种梁（简支梁或悬臂梁）。在没有锚固时，它们只是简单地叠合在一起。由于层间摩擦阻力不足，在荷载作用下，单个梁均产生各自的弯曲变形，上下缘分别处于受压和受拉状态，如图 5-2（a）所示。若用螺栓将它们紧固成组合梁，各层板便相互挤压，层间摩阻力大为增加，内应力和挠度大为减小，于是增加了组合梁的抗弯强度，如图 5-2 (b) 所示。当把锚杆埋入岩土体一定深度，相当于将简单叠合的数层梁变成组合梁，从而提高了地层的承载能力。锚杆提供的锚固力愈大，各岩土层间的摩擦阻力愈大，组合梁整体化程度愈高，其强度也愈大。

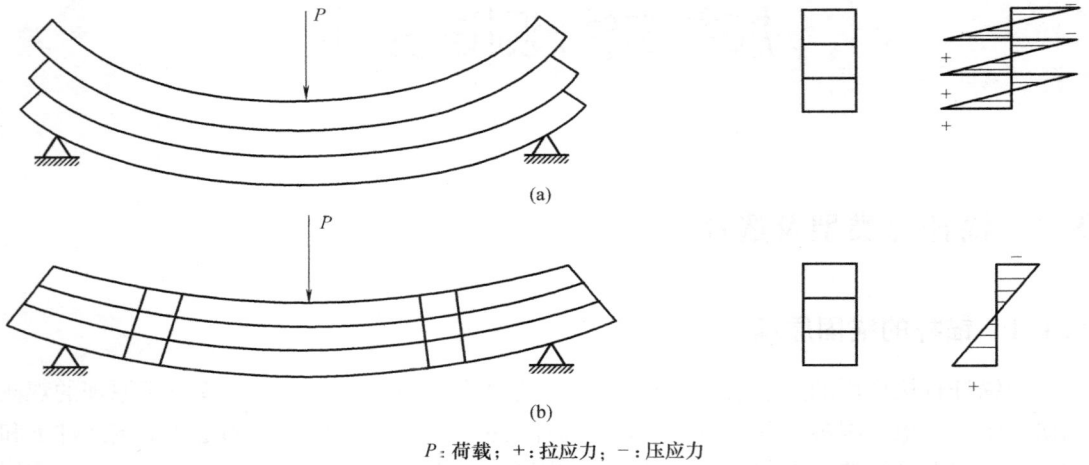

P：荷载；＋：拉应力；－：压应力

图 5-2　组合梁前后的挠度及应力对比

3）挤压加固作用

兰格（T. A. Lang）通过光弹试验证实了锚杆的挤压加固作用。当他在弹性体上安装具有预应力的锚杆时，发现在弹性体内便形成以锚杆两头为顶点的锥形体压缩区，若将锚杆以适当间距排列，使相邻锚杆的锥形体压缩区相重叠，便形成一定厚度的连续压缩带（图 5-3）。

为说明锚杆对破碎地层的支护作用，国外的澳大利亚雪山水电站地下工程、国内的冶金建筑研究院等单位曾分别先后用碎石、混凝土碎块作材料模拟破碎地层，然后锚杆加固，结果发现加固后的模型承压能力大大提高。这就说明，通过锚杆的加固，即使毫无粘结力的碎石也能被加固成承载能力相当高的整体"结构"。工程上称这种现象为挤压加固作用，类似我国古代桥梁工程中的键（腰铁、铰石）对裂隙岩体的作用。

上述锚杆的锚固作用原理在实际工程中并非孤立存在，往往是几种作用同时存在并综合作用，只不过在不同地质条件下某种作用占主导地位罢了。

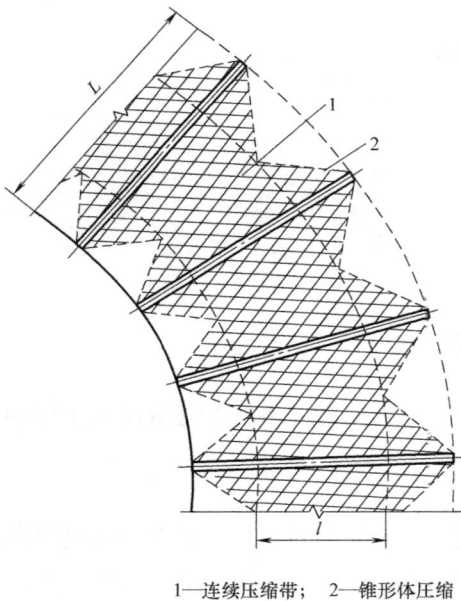

1—连续压缩带；2—锥形体压缩

图 5-3　连续压缩带的形成

5.1.2　锚杆类型及应用

目前，国内外工程上多按锚固长度分类、按锚固方式分型。现有锚杆按锚固长度可划分为两大类，即集中（端头）锚固类锚杆和全长锚固类锚杆。锚固装置或杆体只有一部分和孔壁接触的锚杆，称为集中类锚杆；锚固装置或杆体全部和孔壁接触的锚杆，称之为全长类锚杆。上述两类锚杆分别按锚固方式又可分为两种型式，即机械锚固型和粘结锚固型。锚固装置或杆体直接和孔壁接触，以摩擦阻力为主起锚固作用的锚杆，称之为机械型锚杆。杆体部分或全长利用胶结材料把杆体和锚固孔孔壁粘结住，以粘结力为主起锚固作用的锚杆，称之为粘结型锚杆。

1）注浆型和机械型预应力锚杆

预应力锚杆有许多优点，例如，在其安设后能及时主动提供有利于岩土体和结构物稳定的抗力，有效抑制开挖地层的变形，显著提高地层软弱结构面或潜在滑裂面的抗剪强度，改善岩土体的应力状态，通过张拉工序能可靠地检验锚杆的承载力，确保锚杆质量等，因而其应用领域极为广泛。近年来，随着钻孔技术和高强钢绞线的发展，高承载力（锚杆设计拉力大于 10000kN）和超长（长度达 130m）的预应力锚杆已得到成功应用。该类锚杆特别适用于要求锚杆承载力高、变形小和需要锚固于地层深处的工程。预应力锚杆又可分为注浆型和机械型两种，两者的主要区别是锚固方式。注浆型预应力锚杆由杆体、锚固段、自由段和锚头组成，适用于要求锚杆承载力高、变形量小和需锚固于地层较深处的工程。机械型预应力锚杆由杆体、机械式锚固件、自由段和锚头组成，适用于地层开挖后必须立即提供初始预应力的工程或抢险加固工程。

2）拉力型和压力型预应力锚杆

拉力型预应力锚杆应有与注浆体直接粘结的杆体锚固段（图 5-4）。拉力型锚杆的主要特点是锚杆受力时锚固段浆体受拉并通过浆体将拉力传递给周围地层。这种锚杆结构简单，是目前使用最广的类型，适用于硬岩、中硬岩或锚杆承载力要求较低的土体工程。

图 5-4　拉力型预应力锚杆结构原理

压力型预应力锚杆由不与灌浆体相互粘结的带保护套管的杆体和位于锚固段注浆体底端的承载体组成（图 5-5）。压力型预应力锚杆的主要特点是利用承载体使锚杆受力时锚固段浆体受压，并通过浆体将拉力传递给周围地层。这类锚杆的防腐性能较好，但由于注

图 5-5　压力型预应力锚杆结构原理

浆体承压面积受到钻孔直径的限制，因而承载力较低，适用于锚杆承载力要求较低或地层腐蚀性环境恶劣的岩土工程。

3）荷载分散型锚杆

荷载分散型锚杆（图5-6）可分为拉力分散型和压力分散型锚杆。

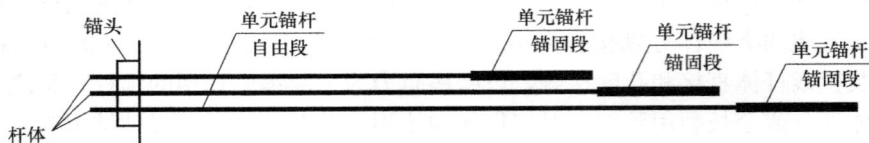

图5-6　荷载分散型锚杆结构原理

拉力分散型锚杆由若干拉力型单元锚杆组合而成，各拉力型单元锚杆的锚固段应位于锚杆总锚固段的不同部位，适用于锚杆承载力要求较高的软岩或土体工程。

压力分散型锚杆由若干压力型单元锚杆组合而成，各压力型单元锚杆的锚固段应位于锚杆总锚固段的不同部位，适用于键杆承载力要求较高或防腐等级要求较高的软岩或土体工程。

拉力分散型和压力分散型锚杆工作时能充分利用地层固有强度，其承载力随锚固段长度增加成比例提高。

4）全长粘结型锚杆

全长粘结型锚杆由全长粘结的杆体、垫板和锚固件组成。

安设于地层中的非预应力锚杆，当地层变形后依靠杆体自身强度发挥抗拉和抗剪作用，是一种被动型锚杆，其控制地层和结构物变形的能力较差。目前，这类锚杆主要应用于允许开挖地层有一定变形的隧道和边坡支护工程，非预应力锚杆的长度一般比预应力锚杆要短。

5）可拆芯式锚杆

可拆芯式锚杆适用于使用功能完成后，不允许筋材滞留于地层内的工程。

可拆芯式锚杆宜采用压力分散型锚杆结构。随着城市用地日趋紧张，相关法律的完善和保护自身利益意识的增强，锚杆芯体的拆除将成为城市建筑群密集地区锚杆使用的前提。结合我国北京、深圳和台湾地区采用可拆芯式锚杆的实践经验，宜采用无粘结钢绞线绕承载体弯曲成U形的压力分散型锚杆，作为可拆芯式锚杆。

6）树脂卷和快硬水泥卷锚杆

树脂卷锚杆由不饱和树脂卷锚固剂、钢质杆体、垫板和螺母组成。用合成树脂卷固定锚杆的优点有：合成树脂与坚硬岩石间的粘力比水泥浆与岩石间的粘结力大2～3倍；凝结时间短，一般为数分钟至数小时。此外，树脂具有抵抗腐蚀和冲击动力影响的良好性能。其缺点是成本较高。树脂锚固剂可以工业化生产，但其储存期有限，一般为3个月左右。

快硬水泥卷锚杆由快硬水泥锚固剂、钢质杆体、垫板、螺母组成。快硬水泥卷锚杆是将快硬水泥卷预先浸水2～3min，然后送入孔底，随即插入杆体，杆体外端连接搅拌装置，搅拌30～60s，1.0～2.0h后即可进行张拉，抗拔力可大于45kN（钻孔直径为40～42mm）。

这两种锚杆的共同特点是在锚杆安装后很短时间内即可施加预应力，使得锚固质量能够得到保证，并能显著提高锚固效应。对于永久性锚杆，从防腐角度考虑，这两种锚杆可在张拉后对杆体与孔壁间的空隙内灌注水泥浆，也可在向孔内安放快凝型树脂卷或快硬型水泥卷的同时，在非锚固段安放缓凝型树脂卷或水泥卷。

树脂卷锚杆和快硬水泥卷锚杆适用于需提供初始预应力的软弱破碎围岩加固工程或大跨度地下洞室支护工程。这两种锚杆在我国煤矿巷道支护工程中得到了广泛应用。近年来，这类锚杆也开始用于大型水电站洞室顶拱支护，并取得了良好效果。

7) 中空注浆锚杆

中空注浆锚杆可分为普通中空注浆锚杆、钢质涨壳中空注浆锚杆和自钻式中空注浆锚杆等类型。中空注浆锚杆的结构参数和力学性能可按表5-1选用。

中空注浆锚杆结构参数和力学性能　表5-1

中空注浆锚杆类型	锚杆结构参数				锚杆力学性能		
	外径(mm)	壁厚(mm)	杆体标准长度(m)	钻孔直径(mm)	锚杆杆体极限拉力值(kN)	预加应力(kN)	杆体伸长率(%)
普通中空注浆锚杆	25～32	4～6	2.5～8.0	42～75	145～290	—	≥6
自钻式中空注浆锚杆	25～51	5～8	2.5～6.0	42～110	180～650	—	≥8
钢质涨壳中空注浆锚杆	25～51	5～8	2.5～8.0	42～110	150～640	60～150	≥6

普通中空注浆锚杆由中空锚杆体、止浆塞、垫板和螺母组成。可用于各类岩土的支护工程，宜用于中长锚杆支护或地下工程顶部的锚固工程。钢质涨壳中空注浆锚杆由中空杆体、钢质涨壳锚固件、止浆塞、垫板和螺母组成，适用于需提供初始预应力的岩石支护工程。自钻式中空注浆锚杆由钻头、中空杆体、垫板和螺母组成，适用于松散破碎、成孔困难地层的支护工程。

普通中空钢管注浆锚杆的特点是：先插杆后注浆，浆液通过中空钢管由锚杆底端向锚杆头部流淌，能保证注浆饱满；可在狭小的空间，通过连接套接长杆体用于施工长度大于10m的锚杆；借助对中器，杆体被均匀的且有足够厚度的水泥浆保护层包裹，因而这种锚杆具有良好的锚固效应和耐久性。目前该种锚杆已在隧道工程中获得广泛应用，尤其易对地下工程的顶部支护，若采用传统的普通砂浆锚杆，由于灌浆饱满度难以保证，锚杆的锚固效应与耐久性均受到较大影响。因而普通中空钢管锚杆特别适用于位于地下工程顶部的中长锚杆。钢质涨壳中空钢管注浆锚杆，除具有普通中空钢管注浆锚杆的优点外，更主要的是能在锚杆安装后通过钢质涨壳锚固件张开立即提供60～150kN的初始预应力，从而能及时有效地控制围岩松动变形，并促使在锚固范围内的围岩形成压应力环，进一步提高锚杆对围岩的加固作用和工程稳定性。

8) 摩擦型锚杆

摩擦型锚杆的结构构造应满足锚杆工作时杆体与地层直接接触并发生摩擦作用的要求。摩擦型锚杆可分为缝管式锚杆和水胀式锚杆等类型。

缝管式锚杆由纵向开缝的钢管杆体和垫板组成。钢管杆体的外径应大于钻孔直径2～3mm，并在外露端焊有挡环。水胀式锚杆由两端带套管的异型空心钢管杆体和垫板组成。

其中，与垫板相连的套管上应开有能将高压水注入管内的小孔。

缝管式锚杆和水胀式锚杆均为与钻孔岩壁直接接触的钢管状锚杆，依赖锚杆全长与岩石的摩擦力而产生锚固作用。该类锚杆的工作特点是：能对围岩施加三向预应力；锚杆安装后能立即提供支护抗力，有利于及时控制围岩变形；锚杆处于挤压膨胀或呈现剪切位移的围岩条件以及承受爆破冲击作用等工作条件时，其锚固力均会随时间而增长。该类锚杆的缺点是钢管直接与岩层接触，耐久性较差，因而这两种摩擦型锚杆宜用于软弱破碎或塑性流变岩层，且服务年限小于 10 年的地下工程支护或初期支护。缝管式锚杆与水胀式锚杆在我国矿山软岩巷道支护中应用广。

5.1.3 锚杆选型

锚杆类型应根据工程要求、锚固地层性质、锚杆承载力大小、锚杆长度、现场条件和施工方法等综合因素选定。

锚杆选型的基本原则为：

1) 锚杆的锚固力和锚固力特性曲线，必须与围岩的位移、压力相适应，确保获得良好的支护效果，维护量小，保证所支护结构的安全正常使用。

2) 根据围岩的类型与稳定性和结构的使用条件，选择预应力锚杆或无预应力锚杆、端头锚固锚杆或全长锚固锚杆、机械式锚杆、粘结式锚杆、摩擦胀固式锚杆、滑移让压锚杆等。

3) 锚杆类型必须与支护结构的服务年限相适应，即考虑锚杆的耐用性与防腐性是否与结构年限相一致。

4) 考虑安装的方便性与机械化安装，提高支护效率。

总之，锚杆选型要满足技术经济上的合理性，以获得最好的经济效益。锚杆的类型可按表 5-2 选择。

锚杆类型及其选择　　　　　　　　　　　　　　　表 5-2

序号	锚杆类型	适用条件
1	灌浆型预应力锚杆（集中拉力型）	• 锚固地层为岩体或土层； • 单锚拉力设计值 200～10000kN； • 对位移控制要求严格的工程； • 锚杆长度可达 100m 或更大
2	机械型预应力锚杆（集中拉力型）	• 锚固地层为坚硬岩体； • 单锚拉力设计值 60～1000kN； • 地层开挖后必须立即提供初始预应力或工程抢险； • 锚杆长度可达 50m
3	荷载分散型锚杆	• 锚固地层为软岩或土层； • 单锚拉力设计值 600～3000kN； • 采用集中拉力型锚杆无法满足高拉力设计值的软弱地层锚固工程； • 锚杆长度可达 50m； • 压力分散型锚杆还适用于严重腐蚀性环境，或有拆除芯体要求的锚固工程
4	全长粘结型锚杆	• 岩体或土层加固； • 对位移控制要求不严格的工程； • 单锚拉力设计值较小（50～350kN）； • 锚杆长度 2～12m

序号	锚杆类型	适用条件
5	树脂卷锚杆与快硬 水泥卷锚杆	• 岩体加固； • 需提供初始预应力的岩石锚固工程； • 单锚拉力设计值 30～150kN； • 锚杆长度 1.2～12m
6	自钻式中空锚杆和 普通中空锚杆	• 岩体加固； • 地质条件复杂、钻孔后极易塌孔的地层支护（自钻式中空锚杆）； • 隧道、地下工程或边坡工程长度大于 2.5m 锚杆支护； • 单锚拉力设计值 100～350kN
7	摩擦型锚杆	• 塑性流变岩体加固，或承受爆破振动影响的矿山巷道支护； • 隧道或地下工程的临时支护或初期支护； • 单锚拉力设计值不大于 100kN； • 锚杆长度 1.2～3.0m

5.2　锚杆的材料及构件检验

5.2.1　一般规定

锚杆材料组成有：杆体材料、锚固剂、垫板、锚杆螺母等（图 5-7）。锚杆材料和部件应满足锚杆设计的物理力学指标和构造要求，还应具有足够的化学稳定性，相互之间不得产生不良影响。锚杆材料和部件均应提供质量证明材料，并符合国家现行标准的有关规定，主要部件还应进行试验验证。

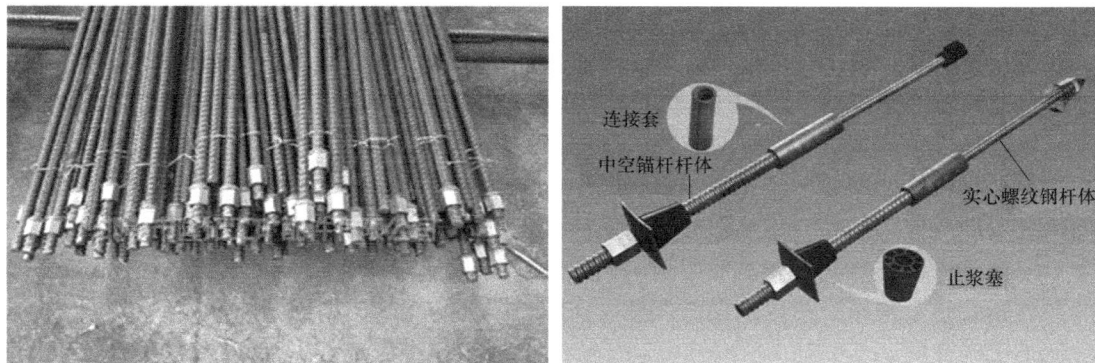

连接套
中空锚杆体
实心螺纹钢杆体
止浆塞

图 5-7　钢筋锚杆构件

5.2.2　杆体材料

锚杆材料可根据锚固工程性质、锚固部位和工程规模等因素，选择高强度、低松弛的普通钢筋、高强精轧螺纹钢筋、预应力钢丝或钢绞线。

1）钢筋

锚杆采用的钢筋应符合下列规定：

用于锚杆的预应力钢筋宜采用高强度精轧螺纹钢筋。高强度精轧螺纹钢筋的力学性能指标，应按表5-3采用，并应符合国家现行有关标准的规定；对预应力值较小和长度小于20m的锚杆，预应力钢筋也可采用HRB400级或HRB335级钢筋。钢筋抗拉强度标准值f_{yk}，应按表5-4的规定采用；锚杆的连接构件应能承受杆体的极限抗拉强度。

精轧螺纹钢筋力学特性   表5-3

强度等级 (MPa)	牌号	公称直径 a (mm)	屈服点 σ_y(MPa)	抗拉强度 σ_b(MPa)	伸长率 δ_s(%)	冷弯
540/835	40Si2MnV 45SiMnV	18	≥540	≥835	≥10	90°, d=5a
		25				
		32				90°, d=6a
		36			≥8	90°, d=7a
		40				
735 935 (980)	K40Si2MnV	18	≥735 (≥800)	≥935 (≥980)	≥8	90°, d=5a
		25				90°, d=6a
		32			≥7	90°, d=7a

注：1. 表中 d 表示弯心半径；2. 精轧螺纹钢筋抗拉强度设计值采用表中屈服点。

普通螺纹钢筋力学特性   表5-4

钢种		d(mm)	f_{yk}(MPa)
热轧钢筋	HRB335(20MnSi)	6～50	335
	HRB335(20MnSiV,20MnSiNb,20MnTi)	6～50	400
	RRB400(K20MnSi)	8～40	400

精轧螺纹钢筋强度高于普通钢筋，连接构造简单，锚固性能可靠。环氧涂层钢筋可作为防腐设计锚杆材料，其涂层厚度直接影响钢筋的锚固性能，产品质量应符合现行行业标准《环氧树脂涂层钢筋》JG/T 502—2016的规定。

树脂锚杆在使用过程中，只有当树脂锚固剂集聚在锚杆端部并充填密实，才能使锚杆杆体与树脂胶体的握裹力、孔壁与树脂胶体的粘结力相互作用，在杆体端部产生较大的锚固体。目前所使用的螺纹钢大部分为双向纹两筋螺纹钢，虽然螺纹钢与锚固剂有较好的结合，但在插入锚杆时，杆体纵筋旋转半径大于杆体螺纹钢旋转半径，从而造成杆体螺纹不能与树脂胶体紧密结合产生较强的握裹力；同时，双向螺纹不利于锚固剂充填密实，因此降低了锚固强度。

针对双向螺纹钢存在的缺陷，对锚杆杆体表面结构进行优化。将锚杆杆体专门轧制成单向无纵筋螺纹钢，取消纵筋，单向螺纹为左旋方向螺纹，与锚杆注入时旋转方向一致。在旋转注入锚杆，利用锚杆搅拌树脂药卷时，在单向左旋螺纹的旋转作用下，产生强有力的压力向深部推进，在此压力的作用下，呈液体状态的树脂锚固剂可以充填孔中裂隙及排出孔中污水，增加锚固剂与锚杆杆体之间的握裹力，以及锚固剂与岩体之间的粘结力，可以有效地提高锚杆的锚固力。

单向左旋无纵筋螺纹钢锚杆杆体采用20MnSi，屈服点在（RL400，RL540）范围的螺纹钢，杆体尾部螺纹的承载力不得小于杆体破断力的95%，可用于各类矿山及地下工程，特别是用于煤矿的煤巷锚网支护中，可取得较好的技术经济效果。

无纵筋左旋螺纹钢锚杆坯检验见表5-5。

	名称	M21	M22	M20	M25	M25
1	杆径(mm)	19.5	20.5	18.5	22.8	23.5
2	压头直径(mm)	18.9~9.2	19.9~20.2	17.9~18.2	22.8	22.8
3	压头长度(mm)	≥100	≥100	≥100	≥100	≥100
4	破断力(kN)	≥162	≥190	≥146	≥260	—
5	伸长率(%)	≥27	≥27	≥27	≥15	≥17
6	材质强度(MPa)	550	550	550	760	550
7	材质	20MnSi	20MnSi	20MnSi	20MnSi	—

2）中空筋材

锚杆采用的特制中空筋材应符合下列规定：

（1）自钻式锚杆杆体应采用厚壁无缝钢管制作，材料应采用合金钢。外表上应全长具有标准的连接螺纹，并可现场切割和用套筒连接加长。

（2）普通的中空注浆锚杆杆体可采用碳素钢。

（3）用于加长锚杆的连接套筒应与锚杆杆体具有同等级强度。

（4）缝管锚杆采用的开缝式钢管应采用力学性能不低于20MnSi的带钢制作。

3）预应力锚索材料

预应力锚索材料可分为三类：金属材料、复合型材料和非金属材料。金属材料是目前国内广泛应用的材料，它包括高强钢丝、钢绞线、精轧螺纹钢筋等，其中尤其以高强度低松弛钢绞线应用量最多、最广泛，且呈上升趋势。复合型材料是预应力金属高强材料经深加工后的产品，包括无粘结筋、环氧涂层钢绞线、钢丝等，其中无粘结筋应用量逐年增加，环氧涂层钢绞线正处在试用阶段。非金属材料指玻璃纤维预应力筋（GFRP）、碳纤维预应力筋（CFRP）和聚脂纤维预应力筋（AFRP）等纤维增强材料。

预应力钢绞线是将多根冷拉钢丝在绞线机上绞合成螺旋形后，经消除应力回火处理制成。预应力钢绞线按捻制结构可分为：1×2钢绞线、1×3钢绞线和1×7钢绞线等；按捻制方向分为左旋和右旋钢绞线，一般为左旋钢绞线，钢绞线捻距为钢绞线公称直径的$12 \sim 16$倍。预应力锚固中经常使用的多为1×7结构的钢绞线，1×7钢绞线是由6根钢丝围绕一根中心钢丝（直径加大范围不小于2.3%）捻制而成，整根破断力大、柔性好、低松弛、施工方便。此外，杆体张拉时弹性位移大，受地层徐变和锚固结构变形产生的预应力损失和拉力变化小，是理想的预应力锚杆杆体筋材。

环氧涂层钢绞线具有良好的耐腐蚀性能，国际上已非常成熟，工程应用已很普遍。美国PTI《岩层与土层预应力锚杆的建议》中明确提出，不在锚杆中使用无环氧涂层的钢绞线。国内已开始批量生产环氧涂层的钢绞线，产品标准依据《环氧涂层七丝预应力钢绞线》GB/T 21073—2007。环氧涂层钢绞线成本较高，与浆体粘结后蠕变变形较大。

锚杆采用的钢绞线应符合下列规定：

(1) 用于制作预应力锚杆杆体的钢绞线、环氧涂层钢绞线、无粘结钢绞线，应符合现行国家标准《预应力混凝土用钢绞线》GB/T 5224 的规定；预应力钢绞线的抗拉强度标准值 f_{ptk}，应按表 5-6 的规定采用。(2) 对穿锚杆和压力分散型锚杆应采用无粘结钢绞线。无粘结钢绞线的技术参数，应按表 5-7 的规定采用。(3) 除修复的情况外，预应力钢绞线不得连接。

钢绞线抗拉强度标准值 表 5-6

种类		抗拉强度标准值 f_{ptk} (MPa)
股数	直径(mm)	
二股	$d=10.0$	1720
	$d=12.0$	
三股	$d=10.8$	1720
	$d=12.9$	
七股	$d=9.5$	1860
	$d=3.1$	1860
	$d=12.7$	1860
	$d=15.24$	1860
		1820
		1720

无粘结钢绞线主要技术参数 表 5-7

建筑油脂线密度(kg/10m)			>0.50	钢材与 PE 层间摩擦系数		0.12	
PE 层厚度 (mm)	双层	外层	0.80~1.00	成品重量 (kg/m)	直径	单层	双层
		内层	0.80~1.00		$\phi15.2$	1.218	1.27
	单层		0.80~1.20		$\phi12.7$	0.871	0.907

杆体材料也可采用高强钢丝。高强钢丝是用优质高碳钢盘条经索氏化处理、酸洗、镀铜或磷化后冷拔制成。预应力锚固施工中经常使用的是碳素钢丝（消除应力钢丝），该种钢丝是冷拔后经高速旋转的矫直辊筒矫直，并经回火（350~400℃）处理的钢丝。钢丝经矫直回火后，可消除钢丝冷拔中产生的残留应力，提高钢丝的比例极限、屈强比和弹性模量，并改善塑性；同时也获得良好的伸直性，方便施工。

非金属预应力筋是指用连续纤维增强塑料（Continuous Fiber Reinforced Plastics，FRP）制成的预应力筋，一般由多股连续纤维与树脂复合而成，目前主要品种有：

(1) 碳纤维增强塑料（CFRP），由碳纤维与环氧树脂复合而成。

(2) 聚酰胺纤维（芳纶纤维）增强塑料（AFRP），由聚酰胺纤维与环氧树脂或乙烯树脂复合而成。

(3) 玻璃纤维增强塑料（GFRP），由玻璃纤维与环氧或聚酯树脂复合而成。不同品种的 FRP 材料的物理力学性能见表 5-8。

非金属预应力筋特性　　　　　　　　　　　　　　　　　表 5-8

品种	表观密度 （×10³kg/m³）	弹性模量 （×10⁴MPa）	抗拉强度 （MPa）	极限应变 （%）
CFRP	1.50	15.0	1700	1.1
AFRP	1.30	6.4	1610	2.5
GFRP	2.00	5.1	1670	3.3

FRP 预应力筋主要有线材和棒材两类，CFRP 线材直径 1.5～5.0mm，绞合线直径 9.0～14.7mm，形式有 1×7、1×19、1×37 等。AFRP 棒材直径 6～14.7mm。

非金属预应力筋与金属预应力筋相比，有如下特点：

（1）抗拉强度高，CFRP 的破断强度和高强预应力钢材不相上下，并且在达到破断之前，几乎没有塑性变形。

（2）表观密度小，FRP 的表观密度仅为钢材的 1/4 左右，可节省大批钢材，操作轻便，便于施工。

（3）耐腐蚀性良好，适用于水工、港工及其他浸蚀性环境中。

（4）线胀系数与混凝土相近，受温度影响小。

4）预应力钢材的检验

预应力钢材出厂时，在每捆（盘）上都挂有标牌，并附有出厂质量证明书。施工单位在使用前，还应按供货组批进行抽样检验。

（1）碳素钢丝检验

① 检验批次钢丝应成批验收。每批应由同一牌号、同一规格、同一生产工艺制度的钢丝组成，每批次质量不大于 50t。

② 检验项目检验包括下列内容：

外观检查：钢丝外观应逐盘检查，表面不得有裂缝、小刺、劈裂、机械损伤、氧化皮和油迹，但表面上允许有浮锈和回火色。钢丝直径检查按 10%盘选取，但不得少于六盘。

力学性能试验：钢丝外观检查合格后，从每批中任意选取 10%盘（不少于六盘）的钢丝，从每盘钢丝的两端各截取一个试样：一个做拉伸试验（抗拉强度与伸长率），一个做反复弯曲试验。钢丝屈服强度检验，按 2%盘数选取，但不得小于三盘。

检验结果判定如果有某一项试验结果不符合《预应力混凝土用钢丝》GB/T 5223—2014 标准要求，则该盘钢丝为不合格品；再从同一批未经试验的钢丝盘中，取双倍数量的试样进行复验（包括该项试验所要求的任一指标）。如仍有一个指标不合格，则该批钢丝为不合格品或逐盘检验取用合格品。

（2）钢绞线检验

① 检验批次预应力钢绞线应成批验收，每批应由同一牌号、同一规格、同一生产工艺制度的钢绞线组成，每批次质量不大于 60t。

② 检验项目。从每批钢绞线中任取三盘，进行表面质量、直径偏差、捻距等检查和力学性能试验。屈服强度和松弛试验每季度由生产厂抽验一次，每次不少于一根。

③ 伸长率检测方法在测定伸长为 1% 时的负荷后，卸下引伸计，量出试验机上、下工作台之间的距离 L_1，然后继续加荷直至钢绞线的一根或几根钢丝破坏，此时量出上、下工作台的最终距离 L_2，L_2 和 L_1 的差与 L_2 比值的百分数加上引伸计测得的 1%，即为钢绞线的伸长率。

如果任何一根钢丝破坏之前，钢绞线的伸长率已达到所规定的要求，此时可以不继续测定最后伸长率。如因夹具原因产生剪切断裂，所得最大负荷及延伸未满足标准要求，试验是无效的。

④ 检验结果判定从每盘所选的钢绞线端部正常部位取一根试样进行上述试验。试验结果，如有一项不合格时则该盘为不合格品。再从未试验过的钢绞线中取双倍数量的试样，进行该不合格项的复验。如仍有一项不合格，则该批判为不合格品。

5）杆件制作、存储及安放

规范锚杆杆体的制作、存储及安放，是为了保证锚杆杆体的加工满足锚杆使用功能和防腐要求。

钢筋锚杆的制作应预先调直、脱脂、除锈，是为了满足钢筋与注浆材料的有效粘结。钢筋接长可采用对接、锥螺纹连接、双面焊接，精轧螺纹钢筋和中空筋材的接长必须采用等强度连接器。沿杆体轴线方向设置对中支架，主要是为了使杆体处于钻孔中心，并保证杆体保护层厚度满足设计要求。

钢丝、钢绞线长度应尽量相同，以满足杆体中每根钢丝、钢绞线受力均匀的要求。由钢丝、钢绞线组成的锚杆杆体通常在平台上组装，以有利于每根钢丝、钢绞线按一定规律平直排列。

5.2.3 水泥系注浆材料

对于硫酸盐腐蚀地层和地下水环境的工况，可采用抗硫酸盐水泥；有早强要求时，宜采用早强硅酸盐水泥；由于铝酸盐水泥水化热高、硬化快，不利于稳定注浆，浆体易开裂，不利于抗腐蚀，故只可用于短期试验锚杆。

根据行业标准《混凝土用水标准》JGJ 63—2006，水的 pH 值不得小于 4.0，不溶物应小于 2000mg/L，可溶物应小于 2000mg/L，氯化物（以 Cl^- 计）应小于 350mg/L，硫酸盐（以 SO_4^{2-} 计）应小于 600mg/L，硫化物应小于 100mg/L，采用待拌检验水与蒸馏水配制的浆体，28d 抗压强度比不得低于 90%。

外加剂使用时必须慎重，应充分考虑地层和地下水成分，以及水泥特性及其适应性。水泥浆中氯化物、硫酸盐、硝酸盐总量不得超过外加剂重量的 0.1%。采用外加剂还必须通过试验确认，不得影响浆体的强度和粘结性能，以及杆体的耐久性。同时使用两种以上外加剂时，应进行外加剂兼容性试验。

5.3 锚杆的荷载试验

锚杆的荷载试验主要有基本试验、验收试验、蠕变试验等。试验的目的是为了确定锚杆的极限承载力，验证锚杆设计参数、施工方法和工艺的合理性，检验锚固工程施工质量或者了解锚杆在软弱地层中工作的变形特性；同时亦为积累材料，以利于提高设计水平或开发更经济可靠的锚杆及施工工艺和方法。

5.3.1　试验装置

锚杆的荷载试验需要加载装置、反力装置和量测装置等,如图 5-8 所示。加载装置一般采用手动或电动高压液压泵和空心千斤顶。千斤顶施加的荷载必须作用于整个杆件,对预应力锚索的单股钢绞线施加荷载是不允许的。千斤顶的伸缩长度应不小于杆件在最大试验荷载作用下的理论伸长,一般来讲,其伸缩长度应该大于 152mm。若杆件伸长或拔出长度过大,可以采用分级加载的办法。这时所用千斤顶应该满足:能够按试验所需进行分级加载;能够在 60s 内完成一级加载;并且能够在千斤顶和液压泵压力极限的 75％ 之内施加最大的试验荷载。

反力装置一般由千斤顶支座、钢板和螺母(锚固件)等组成。量测装置包括测力计、位移计和计时计。锚杆试验一般用液压表量测荷载,用百分表、千分表计量位移,采用秒表记录时间。对于精度要求较高的试验,可以采用荷载和位移传感器量测荷载和位移,用数据采集系统每隔固定的时间间隔采集一次数据。

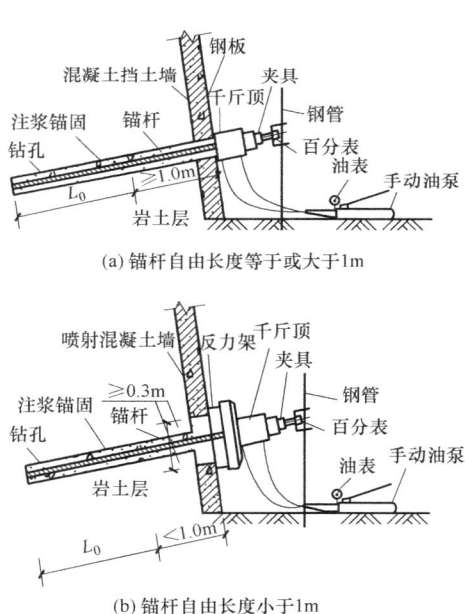

(a) 锚杆自由长度等于或大于1m

(b) 锚杆自由长度小于1m

图 5-8　现场锚杆荷载试验示意图

5.3.2　锚杆荷载试验的一般规定

锚杆试验的主要目的是确定锚固体与岩土体的摩阻强度和验证锚杆设计参数与施工工艺的合理性,因而锚杆的破坏应控制在锚固体与岩土间。通常,预应力筋的设计是可控因素,视具体试验目的不同,可适当增加预应力筋的截面面积。对于各种类型的锚固工程试验,均应满足如下的一般规定:

(1) 对于土层锚杆,锚固体及混凝土墩台的强度均应大于 15.0MPa 时,方可进行锚杆试验；对于嵌入岩层中的粘结型水泥砂浆锚杆，其锚固体、相应的混凝土台座和外锚头的强度应大于 20.0MPa 才能进行锚杆试验。

（2）锚杆的最大试验荷载不宜超过锚杆杆体极限承载力的 0.8 倍。

（3）试验用计量仪表（压力表、测力计、位移计）应满足测试要求的精度。

（4）试验用加荷装置（包括千斤顶、液压泵及相应的输油管路）的额定压力和精度应满足试验要求和保证安全。

（5）锚杆试验用的反力装置在最大试验荷载作用下应保持足够的强度和刚度。

荷载分散型锚杆包括压力分散型锚杆和拉力分散型锚杆，是近年来工程应用日趋增多的锚杆类型。由于各单元锚杆的自由段长度不同，在相同荷载作用下，各个单元锚杆的位移不同，采用常规的试验方法是不适宜的。荷载分散型锚杆的试验宜采用等荷载法；也可根据具体工程情况制定相应的试验规则和验收标准。

目前，该类型锚杆的试验有两种方法：

（1）对每个单元锚杆单独进行常规锚杆试验，锚杆的试验结果由若干个单元锚杆的试验资料组成；在条件许可的情况下，采用多个同步千斤顶完成锚杆试验。

（2）在设计拉力条件下，计算由单元锚杆在相同荷载作用下因自由段长度不等引起的弹性伸长差，依次对各个单元锚杆（从自由段长度最大的）进行预先张拉以消除上述影响，然后按常规试验方法进行试验。北京中国银行总行大厦深基坑支护工程、日本 KTB 工法都是按此方法进行锚杆试验的。

5.3.3 锚杆基本试验

1）试验目的

锚杆基本试验是锚杆性能的全面试验，目的是确定任何一种新型锚杆或已有锚杆用于未曾用过地层时的极限抗拔力和锚杆参数的合理性，了解锚杆抵抗破坏时和承受荷载后的力学性状，为锚固工程设计或设计后锚杆结构参数调整和施工方案设计提供可靠的依据。新型锚杆或已有锚杆用于未曾应用过的地层时，由于没有任何可参考或借鉴的资料，规定均应进行基本试验。只有用于工作安全等级较低或有较多锚杆特性资料或锚固经验的地层时，才可以不做基本试验。

2）试验数量

鉴于岩土层条件的多变性，为了准确地确定锚杆的极限承载力，基本试验数量不应少于 3 根。但需指出，这是对同一种地层而言的，若同一工程有不同的地层条件，则应相应地增加基本试验锚杆组数。美国、德国、英国有关标准规定的锚杆基本试验数量为 3 根。用作基本试验的锚杆参数、材料及施工工艺必须和拟设计的或已设计的锚固工程锚杆相同，同时锚固体必须植于对应的地层中。为此，要求基本试验应于施工前在工地上地质条件相同的地层中进行。为得出锚固体的极限抗拔力，必要时可加大杆体的截面面积。

3）加载方式

基本试验加载方式应根据地层性质来确定。

对于砂质土、硬黏土中锚杆基本试验加载等级与观测时间应遵守如下规定：

（1）采用循环加载，初始荷载宜取 $A_0 f_{ptk}$（A_0 为锚杆钢质杆体的截面积，f_{ptk} 为钢材的强度标准值）的 0.1 倍，每级加载增量宜取 $A_0 f_{ptk}$ 的 1/15～1/10。

（2）砂质土、硬黏土中锚杆加载等级与观测时间见表 5-9。

砂质土、硬黏土中的锚杆极限抗拔试验的加载等级与观测时间　　　　　表 5-9

循环加载阶段	加荷增量 $A_0 f_{ptk}$（%）						
	加载段				卸载段		
初始荷载	—	—	—	10	—	—	—
第一循环	10	—	—	30	—	—	10
第二循环	10	30	—	40	—	30	10
第三循环	10	30	40	50	40	30	10
第四循环	10	30	50	60	50	30	10
第五循环	10	30	60	70	60	30	10
第六循环	10	30	60	80	60	30	10
观测时间（min）	5	5	5	10	5	5	5

注：1. A_0 为锚杆杆体断面积；f_{ptk} 为锚杆杆体钢材强度标准值。

　　2. 第五循环前加荷速率为 100kN/min，第六循环的加荷速率为 50kN/min。

　　3. 在每级加载等级观测时间内，锚头位移增量小于 0.1mm 时，可施加下一级荷载，否则应延长观测时间，直至锚头位移增量在 2h 内小于 2.0mm 时，方可施加下一级荷载。

（3）在每级加载等级观测时间内，测读锚头位移不应少于 3 次。

对于淤泥及淤泥质土中锚杆基本试验加载等级与观测时间应遵守如下规定：

（1）初始荷载宜取 $A_0 f_{ptk}$ 的 0.1 倍，每级加载增量宜 $A_0 f_{ptk}$ 的 1/15～1/10，加载等级为 $A_0 f_{ptk}$ 的 0.5 倍和 0.7 倍时，采用循环加载，循环加载分级同表 5-9。

（2）锚杆各加载等级的观测时间见表 5-10。

淤泥及淤泥质土中锚杆基本试验各加载等级的观测时间　　　　　表 5-10

加载等级 $A_0 f_{ptk}$（%）	初始荷载	第一级	第二级	第三级	第四级	第五级	第六级
	10	30	40	50	60	70	80
观测时间（min）	15	15	15	30	120	30	120

（3）在每级加载等级观测时间内，测读锚头位移不少于 3 次。

（4）荷载等级小于 $A_0 f_{ptk}$ 的 50% 时，每分钟加载不宜大于 20kN；荷载等级大于 $A_0 f_{ptk}$ 的 50% 时，每分钟加载不宜大于 10kN。

（5）当加载等级为 $A_0 f_{ptk}$ 的 0.6 倍和 0.8 倍时，锚头位移增量在观测时间内（2h）小于 2.0mm，才可施加下一级荷载。

基本试验对锚杆施加循环荷载是为了区分锚杆在不同等级荷载作用下的弹性位移和塑性位移，以判断锚杆参数的合理性和确定锚杆的极限拉力。国外有关规范规定的锚杆基本试验加荷等级与观测时间见表 5-11、表 5-12 和表 5-13。

各国基本试验分级加荷值　　　　　表 5-11

国家	初始荷载值	第一次加荷值	各次加荷增值
德国	$0.1 P_y$	$0.20 P_y$	$0.15 P_y$
法国	0	$0.15 P_y$	$0.15 P_y$
美国	$0.05 P_d$	$0.25 P_d$	$0.25 P_d$
日本	$0.20 P_d$	$0.20 P_d$	$0.20 P_d$

注：P_y 为预应力筋的屈服荷载；P_d 为锚杆的设计荷载。

英国地层锚杆标准草案建议的荷载增量和观测时间   表 5-12

荷载增量 $A_0 f_{ptk}$（%）							观测时间
第一循环	第二循环	第三循环	第四循环	第五循环	第六循环	第七、八循环	（min）
5	5	5	5	5	5	5	5
10	20	30	40	50	60	70	5
15	25	35	45	55	65	75	5
20	30	40	50	60	70	80	15
15	20	30	35	40	45	50	5
10	10	15	20	25	30	35	5
5	5	5	5	5	5	5	5

注：为预应力筋的极限抗拉强度。

德国 DIN4125 永久锚杆基本试验荷载分级和观测时间   表 5-13

荷载水平	观测时间（h）	
	粗粒土	细粒土
初始荷载（$0.1P_y$）	—	—
$0.30P_y$	0.25	0.5
$0.45P_y$	0.25	0.5
$0.60P_y$	1.0	2.0
$0.75P_y$	1.0	3.0
$0.90P_y$	2.0	24.0

注：P_y 为锚杆预应力筋的屈服荷载；在每级加荷后，荷载应退至初始荷载。

4）锚杆破坏标准

锚杆破坏指锚固体与周围岩土体发生不允许的相对位移或锚杆杆体破坏等，锚杆丧失承载力的现象。当设计对锚杆总位移有限制时，还应满足总位移的要求。做基本试验时，如果满足下列条件之一者，可认为锚杆已经破坏，可终止试验：

（1）后一级荷载产生的锚头位移增量达到或超过前一级荷载产生的位移增量的两倍。

（2）锚杆位移不收敛。

（3）锚头总位移超过设计允许位移值。

（4）锚杆杆体破坏。

5）试验结果的整理与分析

试验报告应将试验得出的荷载-位移值绘制成曲线。其他国家的锚杆规范对此都作了同样的规定。同时，报告应详细描述岩土层性状、注浆材料和配合比、注浆压力、锚杆参数、施工工艺、试验荷载、锚头位移和试验中出现的情况。锚杆极限抗拔试验结果宜按荷载与对应的锚头位移列表整理，并绘制锚杆荷载-位移（P-s）曲线（图 5-9）、锚杆荷载-弹性位移（P-s_e）曲线和锚杆荷载-塑性位移（P-s_p）曲线（图 5-10）。

锚杆极限承载力应取破坏荷载的前一级荷载。在最大试验荷载下未达到上述规定的破坏标准时，锚杆的极限承载力应取最大试验荷载。

预应力筋的理论弹性伸长 Δs 要由下式计算

$$\Delta s = \frac{P L_f}{EA}$$ （5-1）

式中，P 为荷载；L_f 为自由段长度；E 为弹性模量；A 为预应力筋截面面积。

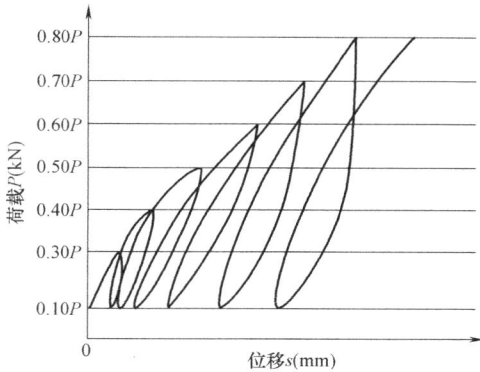

图 5-9　锚杆基本试验荷载-位移曲线

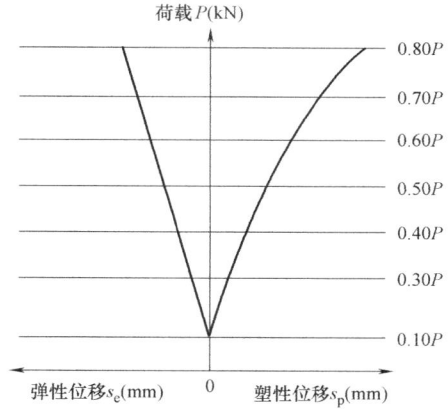

图 5-10　锚杆荷载-弹性位移、荷载-塑性位移曲线

对试验得出的弹性位移作出规定是为了验证自由段长度和锚固段长度是否与设计基本相符。基本试验所得的总弹性位移应超过自由段长度理论弹性伸长值的 80%，小于自由段长度与 1/2 锚固段长度之和的理论弹性伸长值。否则，说明试验锚杆的实际锚固段长及自由段长与设计值有较大的误差，将直接影响试验结果的准确性，不能真实地考核锚杆的质量和承载力的储备。

当每组试验锚杆极限承载力的最大差值≤30%时，应取最小值作为锚杆的极限承载力。当最大差值＞30%时，应增加试验锚杆数量，且按 95%保证概率计算锚杆的极限承载力。

由试验得到的锚杆安全系数 K_0 值按下式确定

$$K_0 = \frac{R_n}{N_t} \tag{5-2}$$

式中，R_n 为锚杆极限承载力，取破坏荷载的 95%；N_t 为锚杆设计轴拉力。

5.3.4　锚杆蠕变试验

1）蠕变试验要求

岩土锚杆的蠕变是导致锚杆预应力损失的主要因素之一。工程实践表明，塑性指数大于 17 的土层、极度风化的泥质岩层或节理裂隙发育张开且充填有黏性土的岩层对蠕变较为敏感，因而在该类地层中设计锚杆时，应充分了解锚杆的蠕变特性，以便合理地确定锚杆的设计参数和荷载水平，并且采取适当措施，控制蠕变量，从而有效控制预应力损失。按《岩土锚杆（索）技术规程》CECS 22—2005 规定：在上述地层中设置的锚杆应进行蠕变试验，并要求试验的锚杆数不应少于 3 根。国外锚杆规范对此也都作了相应的规定。

2）蠕变试验方法

国内外的研究资料表明，荷载水平对锚杆蠕变性能有明显的影响，即荷载水平愈高，蠕变量越大，趋于收敛的时间也越长。参照美国锚杆规范关于蠕变试验的有关规定并结合我国的工程实践，《岩土锚杆（索）技术规程》CECS 22—2005 规定锚杆蠕变试验的加荷等级和观测时间应满足表 5-14 的规定，而且在观测时间内荷载必须保持恒定。锚杆的蠕变主要发生在加荷初期，因而规定了加荷初期应多次记录锚杆的蠕变值。

锚杆蠕变试验的加荷等级和观测时间　　　　　表 5-14

加荷等级	观测时间(min)	
	临时性锚杆	永久性锚杆
$0.25N_t$	—	10
$0.50N_t$	10	30
$0.75N_t$	30	60
$1.00N_t$	60	120
$1.20N_t$	90	240
$1.50N_t$	120	360

在每级荷载下按时间间隔 1、2、3、4、5、10、15、20、30、45、60、90、120、150、180、210、240、270、300、330、360min 记录蠕变量。

3）蠕变试验结果整理和分析

试验结果可按荷载-时间-蠕变量整理，并绘制蠕变量-时间对数（s-$\lg t$）曲线（图 5-11）。

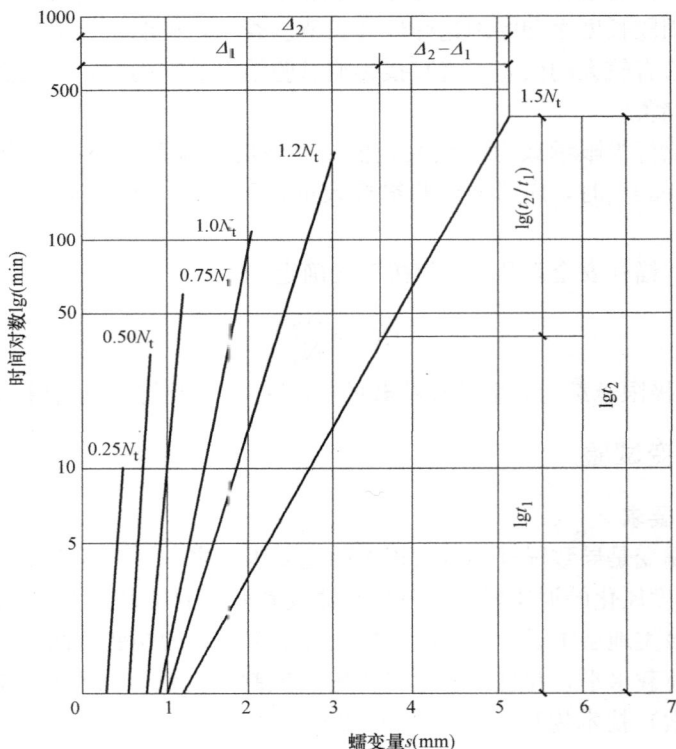

图 5-11　锚杆蠕变量-时间对数曲线

反映不同荷载作用下各观测时间内蠕变曲线的斜率值称为蠕变系数 K_c，蠕变率根据试验结果由下式计算：

$$K_c = \frac{s_2 - s_1}{\lg t_2 - \lg t_1} \tag{5-3}$$

式中，s_1 为 t_1 时所测得的蠕变量；s_2 为 t_2 时所测得的蠕变量。

锚杆蠕变试验测得的最后一级荷载作用下的蠕变率不应大于 2.0mm/对数周期。蠕变率是锚杆蠕变特性的一个主要参数。它表示蠕变的变化趋势，由此可判断锚杆的长期工作性能。蠕变率是在每级荷载作用下，观察周期内最终时刻蠕变曲线的斜率。如最大试验荷载下，锚杆的蠕变率为 2.0mm/对数周期，则意味着在 30min～50 年内，锚杆蠕变量达到 12mm。

5.3.5　锚杆验收试验

1）试验的目的和验收数量

锚杆验收试验是对锚杆施加大于设计轴向拉力值的短期荷载，以验证工程锚杆在超过设计拉力并接近极限拉力条件下的工作性能，及时发现锚杆设计施工中的缺陷，并鉴别工程锚杆是否符合设计要求。验收试验的锚杆数量不得少于锚杆总数的 5%，且不得少于 3 根。对有特殊要求的工程，可按设计要求增加验收锚杆的数量。验收试验时锚杆数量的规定，是参考国外有关规定并结合我国的实践经验而提出的，目的是及时发现设计、施工中存在缺陷，以便采取相应的措施加以解决，确保锚杆的质量和工程安全。

2）最大试验荷载和试验加载方式

验收试验最大试验荷载不应超过预应力筋 $A_0 f_{ptk}$ 值的 0.8 倍，并应满足以下规定：永久性锚杆的最大试验荷载应取锚杆轴向拉力设计值的 1.5 倍；临时性锚杆的最大试验荷载应取锚杆轴向拉力设计值的 1.2 倍。目前收集到的最大试验荷载 P_{max} 值列于表 5-15。

工程锚杆的最大试验荷载 P_{max}　　　　　　　　　　　　　　　　　表 5-15

永久锚杆	$P_{max} = (1.20\sim1.50)P_d$	$P_d = (0.70\sim0.85)P_u$	$P_u = (0.90\sim0.95)P_y$
临时锚杆	$P_{max} = (1.15\sim1.25)P_d$	$P_d = (0.70\sim0.85)P_u$	$P_u = (0.90\sim1.00)P_y$

注：P_u 为杆体极限拉力；P_y 为杆体屈服荷载；P_d 为锚杆设计荷载。

验收试验应分级加荷，初始荷载宜取锚杆轴向拉力设计值（N_t）的 0.10 倍，分级加荷值宜取锚杆轴向拉力设计值的 0.50、0.75、1.00、1.20、1.33 和 1.50 倍。

验收试验中，每级荷载均应稳定 5～10min，并记录位移增量。最后一级试验荷载应维持 10min。如在 1～10min 内锚头位移增量超过 1.0mm，则该级荷载应再维持 50min，并在 15、20、25、30、45、60min 时记录锚头位移增量。

加荷至最大试验荷载并观测 15min，待位移稳定后即卸荷至 $0.1N_t$，然后加荷至锁定荷载。绘制荷载-位移（P-s）曲线（图 5-12）。

3）锚杆验收合格标准

当符合下列要求时，应判定验收合格：

（1）拉力型锚杆在最大试验荷载下所测得的总位移量，应超过该荷载下杆体自由段长度理论弹性伸长值的 80%，且小于杆体自由段长度与 1/2 锚固段长度之和的理论弹性伸长值；若测得的弹性位移远小于相应荷载下自由段杆体理论伸长值的 80%，则说明自由段长度小于

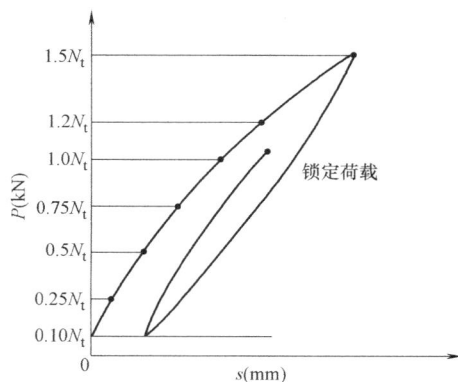

图 5-12　验收试验 P-s 曲线

设计值，因而当出现锚杆位移时将增加锚杆的预应力损失。若测得的弹性位移大于自由段长度与 1/2 锚固段长度之和的理论弹性伸长值，则说明在相当大的范围内，锚固段注浆体与杆体间的粘结作用已被破坏，锚杆的承载力将受到严重削弱，甚至危及工程安全。

（2）前三级荷载按试验荷载值的 20% 施加，以后每级按 10% 增加；在最后一级荷载 1～10min 作用下，锚杆蠕变量不大于 1.0mm，如超过，则 6～60min 内锚杆蠕变量不大于 2.0mm。

5.4 加筋土类型、原理及试验

5.4.1 加筋土的类型

加筋土在我国应用历史悠久，可追溯到秦汉时代修筑长城。加筋土挡土结构由三个主要部分组成：筋材、填土和面板。筋材根据其材质分为金属和非金属两种类型，根据其几何形状又可分为条带形、网格形、土工织物形、杆形、纤维形几类，根据其刚度可分为柔性和非柔性（刚性）两类。

加筋土挡土结构常见的形式有条带式和包裹式两种。条带式结构一般是将高强度、高模量的加筋条带在填土中按一定间距排列，其一端与结构边侧的面板连接，另一端则埋设于填土之中；包裹式结构采用扁丝机织土工织物在土内满铺，在铺设的每一层织物上填土压实，将外端部织物卷回一定长度后，再在其上铺放另一层织物，每层填土厚度为 0.3～0.5m，按前法填土压实，逐层增高。

5.4.2 加筋土的基本原理

砂性土在自重或外荷作用下易产生严重的变形或坍塌。若在土中沿应变方向埋置有韧性的拉筋材料，则土与拉筋材料产生摩擦，使加筋土犹如具有某种程度的黏聚力，从而改良了土的力学特性。目前，有两种观点来解释这一现象：①摩擦加筋理论；②准黏聚力理论（或莫尔-库仑理论）。

1）摩擦加筋理论

在加筋土结构中，由填土自重和外力产生的土压力作用于墙面板，通过墙面板上的拉筋连接件将此土压力传递给拉筋，存在着将拉筋从土中拉出的可能，而拉筋又被填土压住，于是填土与拉筋之间的摩擦力阻止拉筋被拔出。因此，只要拉筋材料具有足够的强度，并与土产生足够的摩阻力，则加筋的土体就可保持稳定。设由土的水平推力在该微分段所引起的拉力 $dT = T_1 - T_2$（假定拉力沿拉筋长度呈非均匀分布），垂直作用的土重和外荷载为竖向力 N，拉筋与土之间的摩擦系数为 f，拉筋宽度为 b，作用于长 dl 的拉筋条上下两面垂直力为 $2Nbdl$，拉筋与土体之间的摩擦阻力为 $2Nfbdl$。如果 $2Nfbdl > dT$，则拉筋与土之间就不会相互滑动，如图 5-13 所示。如果每一层加筋能满足上式要求，则整个加筋土结构的内部抗拔稳定性就得到保证。

加筋土结构物中的拉筋通常呈水平状，相间、成层地铺设在需要加固的土体中。如果土体密实，拉筋布置的竖向间距较小，那么上下拉筋间的土体由于拉筋对土的法向反力和摩擦阻力在土颗粒中传递（即由拉筋直接接触的土颗粒传递给没有直接接触的土颗粒）而形成与土压力相平衡的承压拱，如图 5-14 所示。这时，在上下筋条之间的土体，除端部的土体不稳定外，将形成一个稳定的整体。

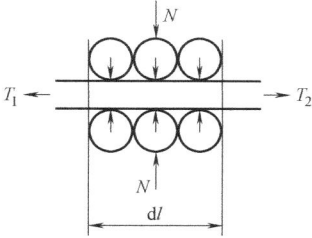

图 5-13　摩擦加筋原理

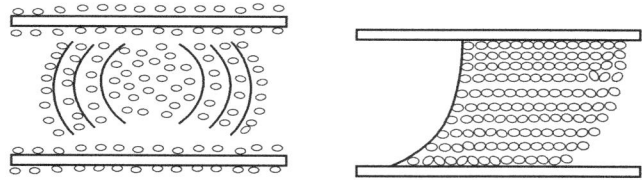

图 5-14　加筋间的承压拱作用

2）准黏聚力理论

加筋土结构可以看作是各向异性的复合材料，通常采用的拉筋，其弹性模量远大于填土。在这种情况下，拉筋与填土的共同作用，包括填土的抗剪力、填土与拉筋的摩擦阻力及拉筋的抗拉力，使得带有拉筋的填土的强度明显提高。加筋土的基本应力状态如图 5-15（a）所示。在没有拉筋的土体中，在竖向应力 σ_1 的作用下，土体产生竖向压缩变形。随着竖向应力的加大，压缩变形和侧向变形也随之加大，直到破坏。如果在土体中设置了水平方向的拉筋，则在同样的竖向应力 σ_1 作用下，其侧向变形则会大大减小，如图 5-15（b）所示。

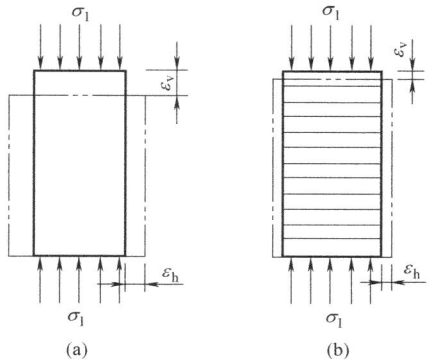

图 5-15　加筋土的基本应力状态

这是由于水平拉筋与土体之间产生了摩擦作用，将引起侧向膨胀的拉力传递给拉筋，使土体侧向变形受到约束。拉筋的约束力 σ_R 相当于在土体侧向施加了一个侧压力 σ_3，其关系可用莫尔圆表示，如图 5-16（a）所示。莫尔圆 I 为土体未破坏时的弹性应力状态；

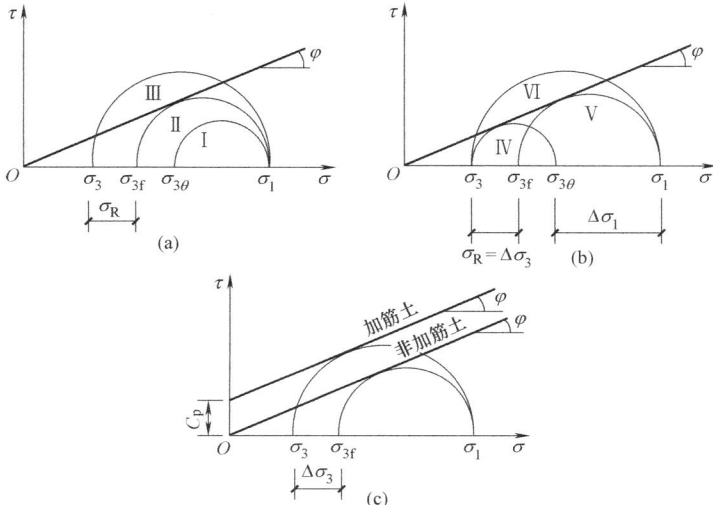

图 5-16　莫尔-库仑理论

圆Ⅱ则是未加筋的土体极限应力状态；圆Ⅲ是加筋土体的应力状态，土体中加入高模量的拉筋后，拉筋对土体提供了一个约束力即水平应力增量 $\Delta\sigma_3$（$=\sigma_R$），使得侧向压力减小，亦即在相同的轴向变形条件下，加筋土能承受较大的主应力差。这还可以通过常规三轴试验中的应力变化情况来表示，如图 5-16（b）所示。图中圆Ⅳ为无筋土极限状态时的莫尔圆，圆Ⅵ为加筋土的莫尔圆，圆Ⅵ的 σ_3 与圆Ⅳ的相等，而能承受的压力则增加了 $\Delta\sigma_1$，圆Ⅴ为加筋土中填土的极限莫尔圆，其最大主应力 σ_1 与圆Ⅵ的相等，而最小主应力却减少了 $\Delta\sigma_3$。上述分析说明，加筋土体的强度有了增加，应有一条新的抗剪强度线来反映这种关系，如图 5-16（c）所示。

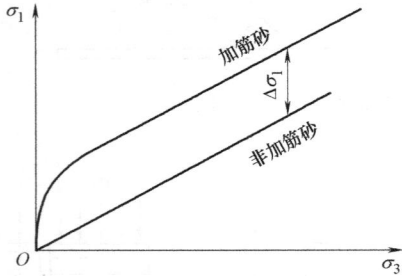

图 5-17　加筋砂与未加筋砂的强度曲线

上述已被试验所证实。如图 5-17 所示，图中加筋砂与未加筋砂的强度曲线几乎完全平行，说明 σ 值在加筋后基本不变，加筋砂力学性能的改善是由于新的复合土体（即加筋砂）具有黏聚力的缘故。黏聚力不是砂土固有的，而是加筋的结果，所以称为准黏聚力。

准黏聚力可根据莫尔-库仑定律来得。由图 5-16（c）可知

$$\sigma_1 = \sigma_{3f}\tan^2(45°+\varphi/2) = (\sigma_3+\Delta\sigma_3)\tan^2(45°+\varphi/2) \tag{5-4}$$

加筋后，土体处于新的极限平衡状态，即

$$\sigma_1 = \sigma_3\tan^2(45°+\varphi/2) + 2C_p\tan^2(45°+\varphi/2) \tag{5-5}$$

比较式（5-5）与式（5-4）可得

$$\Delta\sigma_3\tan^2(45°+\varphi/2) = 2C_p\tan^2(45°+\varphi/2) \tag{5-6}$$

因此，由于拉筋作用产生的准黏聚力为

$$C_p = \frac{1}{2}\Delta\sigma_3\tan^2(45°+\varphi/2) \tag{5-7}$$

式（5-7）是建立在拉筋不出现断裂或滑动，同时也不考虑拉筋受力作用后产生拉伸变形的条件下得出的。显然这只适用于高抗拉强度和高模量的拉筋材料，如钢带、钢片和高强度、高模量的加筋塑料带等。对于低模量、大伸长率的土工合成材料的加筋作用机理，不考虑其变形的影响是不符合实际的。为了考虑拉筋的变形性质，取三轴试验中的楔体来作进一步的分析，如图 5-18 所示。

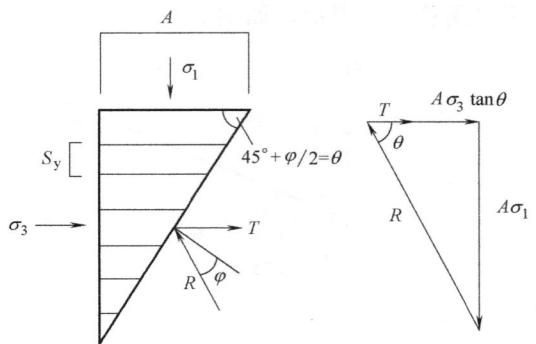

图 5-18　加筋土楔体力学平衡图

图 5-18 中，A 为试样的截面积；θ 为破裂角，$\theta=(45°+\varphi/2)$；φ 为土的内摩擦角；T 为与破裂面相交的各拉筋层的水平合力；σ_s 为拉筋的极限抗拉强度。极限静力平衡条件

$$T + \sigma_3 A\tan(45°+\varphi/2) = \sigma_1 A\tan(45°+\varphi/2) \tag{5-8}$$

而拉筋所能承受的水平合力为

$$T = \frac{\sigma_s A_s A \tan(45° + \varphi/2)}{S_x S_y} \tag{5-9}$$

式中　S_x——加筋土体中拉筋层水平间距（m）；

　　　S_y——加筋土体中拉筋层垂直间距（m）；

　　　σ_s——拉筋的极限抗拉强度（kPa）；

　　　A_s——拉筋的截面积（m²）。

将式（5-5）和式（5-9）代入式（5-8）中，可得

$$C_p = \frac{\sigma_s A_s A \tan(45° + \varphi/2)}{2 S_x S_y} \tag{5-10}$$

式（5-10）求得的 C_p 便是拉筋作用产生的准黏聚力。

5.4.3　筋材与土界面的摩擦特性及拉拔试验

在常见的条带式和包裹式加筋挡土结构中，筋材埋于土中，受到其平面方向的拉力，在拉力方向上引起应力和变形。由于有法向应力作用，受拉时筋材表面（主要为上、下平面）将出现摩擦阻力。该阻力沿拉力方向并非均匀分布，随各点的应力不同而不同。筋材被拔出的瞬时，假设筋材表面的摩擦阻力均匀分布，并与拉力平衡，该摩擦阻力值即为界面的摩擦强度。

筋材与土的摩擦特性是加筋土的重要性质。筋材与土相互作用的机理较为复杂，它与筋材的类型、变形特性、形状、几何尺寸和土的性质及上覆土压力等有密切的关系。在工程应用中，通常通过室内摩擦（剪切）试验、拉拔试验或现场足尺试验等方法来测定加筋土的摩擦特性。前者主要应用于土与筋材界面强度验算，后者主要应用于确定土中筋材的抗拔强度。而通过拉拔试验测取筋材与土之间摩擦系数的方法并非唯一理想的方法，对于拉拔试验的作用机理、试验设备、试验方法及标准等方面的许多问题，尚有待于进一步的探索和完善。

1）直剪摩擦试验

（1）试验装置

直剪试验施加水平荷载有应变控制与应力控制两种。应变控制时剪切速率相等，应力控制时的各级垂直荷载保持不变。国内多采用应变控制法。

应变控制式直接剪切仪，由剪切盒、垂直加荷系统、剪切传动装置、测力计和位移量测系统等组成，如图 5-19 所示。剪切盒由上盒和下盒组成，盒的内壁平面尺寸不小于 15cm×15cm，上、下盒的高度不宜小于 $L/3$（L 为盒的内部边长）。加荷系统包括施加垂直荷载和水平荷载的系统。施加垂直荷载可采用杠杆系统或采用其他能保证垂直荷载恒定的装置。施加水平荷载可采用调速电动机装置或其他加荷装置。测力可采用拉力传感器、量力环或其他测力装置。测垂直位移和水平位移可采用百分表或位移计。

试样数量应不少于 5 块。加筋材料应平铺于上、下盒之间并固定好，上、下盒之间缝宽为 1～5mm 加上试样的厚度，使上盒边框不与试样相接触。

（2）试验步骤

① 将剪切盒对准施加垂直荷载的装置，依次装上垂直和水平位移量测装置，对试样

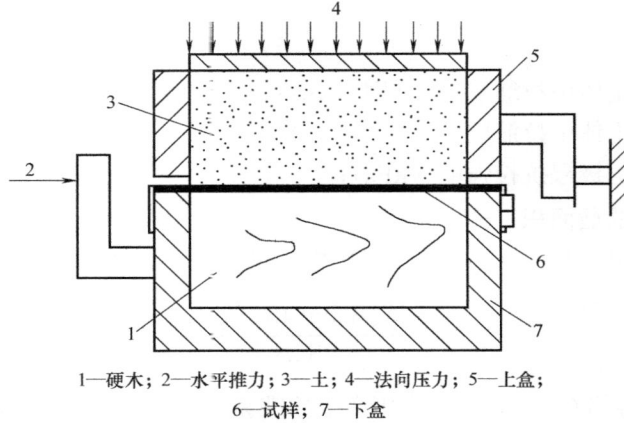

1—硬木；2—水平推力；3—土；4—法向压力；5—上盒；
6—试样；7—下盒

图 5-19 直剪试验示意图

施加一微量垂直荷载，使土样接触好，将垂直位移表读数调整为零。

② 施加要求的垂直荷载，待土样固结。固结时间视土性及排水距离而定，对粒状土，固结时间应不小于 15min；对黏性土，每 1h 测记垂直变形一次，试样固结稳定的垂直变形值为每小时不大于 0.00025/h（h 为土样高度，mm）。

③ 启动施加水平荷载的装置。待水平位移百分表指针一转动便停机，调整百分表读数为零；拔出固定上、下盒的销钉。

④ 移动传动装置，施加水平荷载，剪切速率视土性和排水方式而定。宜采用剪切速率为 0.02～3mm/min，每隔一定的时间测记水平荷载一次，直至剪损。

⑤ 试验进行至出现下列情况时方可结束：①如果水平荷载（剪应力）出现峰值，试验进行至获得稳定值（残余强度）；②如果水平荷载（剪应力）始终随水平位移增大而增大，试验应进行至水平位移达 20mm 时方可停止。

⑥ 改变垂直荷载，重复以上各步骤，完成各级荷载下的试验。

一般可根据工程实际施加各级垂直荷载，要求在 4 级不同垂直荷载下进行试验，其中最大的一级荷载（压力）应不小于设计荷载。一般情况下，垂直压力可采用 100、200、300、400kPa。

（3）结果整理

两种材料界面上的摩擦特性通常以粘结力和摩擦角或似摩擦系数表示。摩擦剪切强度符合莫尔-库仑定律，表示为：

$$\tau = C_a + \sigma \tan\delta = C_a + \sigma\mu \tag{5-11}$$

式中　　τ——界面抗剪强度（kPa）；

　　　C_a——粘结力（kPa）；

　　　σ——法向压力（kPa）；

　　　δ——摩擦角（°）；

　　　μ——似摩擦系数。

式（5-11）如图 5-20 中曲线 1 所示。当 $C_a = 0$ 时，直线通过原点（图中曲线 2），则 $\mu = \tan\delta = \tau/\sigma$。根据试验结果绘制 τ-σ 曲线，即可求得界面摩擦强度指标。

2）拉拔摩擦试验

本试验方法适用于测定土工合成材料埋在土内时与周围土体的摩擦特性。

（1）仪器设备

试验箱：试验箱为一矩形箱体，侧壁有足够刚度，受力时不变形。试验箱尺寸应根据试验所用筋材确定；土工织物和土工隔栅等土工合成材料，长×宽×高不宜小于 25cm×20cm×20cm，如图 5-21 所示。试验箱一面侧壁的半高处开一水平窄缝，供试样引出箱体用；紧贴着窄缝内壁，安置一可上下抽动的插板，用以调整窄缝的缝隙大小，防止土粒漏出。可以在箱壁粘贴润滑面膜以减小箱壁的摩擦。

荷载：用千斤顶及反力框架施加垂直荷载，以稳定装置使其维持恒值。按应变控制方式施加水平荷载，一般采用调速电动机装置及千斤顶装置。

量测系统：测力可采用拉压力传感器或其他量力装置。测垂直位移和水平位移可采用百分表或位移计，测量精度为 0.01mm。

试样数量：试样数量不少于 5 块。

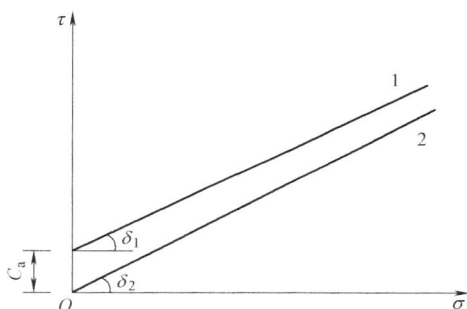

图 5-20　界面强度线

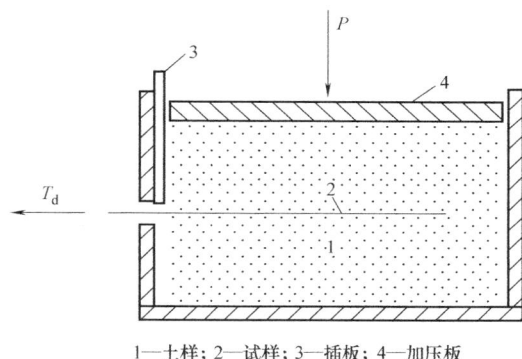

1—土样；2—试样；3—插板；4—加压板

图 5-21　拉拔试验箱示意图

（2）试验步骤

① 将土料填入试验箱，按要求的密度分层压密，压密后土面水平，且略高于箱侧窄缝下缘。

② 将试样平放于土面上。试样一端从窄缝引出箱外注意两边对称，并和水平夹具连接。插入可调整窄缝高度的插板，使该板下缘正好在试样表面之上，将插板固定。

③ 继续往箱内填土，分层压密至要求的密度，压密后土面平整，并略低于箱顶，放上加压板。

④ 安装垂直和水平位移百分表。将垂直加荷千斤顶对中于试验箱，对加压板施加一微量垂直荷载，使板与土面接触好，将百分表读数调整到零。将夹有试样的夹具连接到水平加荷装置上。

⑤ 施加要求的垂直荷载，使土料固结。固结时间视土性和排水距离而定，对粒状土固结时间不少于 15min；对黏性土，要求垂直变形增量每小时不大于 0.00025h（h 为土样高度，mm），作为固结稳定标准，测记相应的压缩量。施加一微量水平荷载，使水平加荷机构各处受力绷紧，将百分表读数调整为零。

⑥ 施加水平荷载。拉拔开始，测读并记录位移和水平拉力。拉拔速率视土性而定，按

应变控制加荷时，一般采用位移速率为 0.02~3mm/min，对砂性土，可采用 0.5mm/min。

⑦ 试验进行到出现下列情况时方可结束：如果水平荷载（剪应力）出现峰值，试验进行至获得稳定值（残余强度）；如果不出现峰值或试样被拉断，表明试样长度超过了拔出长度，应缩短埋在土内的长度，再按上述步骤重新试验。

⑧ 改变垂直荷载，重复上述各步骤，进行各垂直荷载下相应的拉拔摩擦试验。

为求得拉拔摩擦强度指标，一般在四种不同垂直荷载下进行试验，其中最大的一级荷载（压力）应不小于设计荷载。

（3）结果整理

按下式计算界面上的法向应力 σ 和剪应力 τ

$$\sigma = \frac{P}{A} \tag{5-12}$$

$$\tau = 0.5 \times \frac{T_d}{L \cdot B} \tag{5-13}$$

式中　P、T_d——分别为垂直荷载及水平荷载（kN）；

$\qquad A$——试验箱的水平面积（m^2）；

$\qquad L$、B——试样被埋在土内部分的长度和宽度（m）；

$\qquad \sigma$——法向应力（kPa）；

$\qquad \tau$——剪应力（kPa）。

按下式计算界面上的似摩擦系数 f'

$$f' = \frac{\tau}{\sigma} \tag{5-14}$$

根据试验结果绘制 τ-σ 曲线，即可求得界面摩擦强度指标。

5.5　本章练习题

1. 工程中常用的锚固作用有几种？作用机理是什么？
2. 锚杆按锚固长度可划分为哪两类？如果按锚固方式又可划分为哪两种？
3. 说明拉力型和压力型预应力锚杆的异同。
4. 锚杆类型有哪些？根据不同现场条件应如何选用？
5. 简述锚杆选型的基本原则。
6. 为什么需要进行锚杆基本试验？哪种情况下可以不做基本试验？
7. 简述直剪摩擦试验，并举例说明在工程的应用。
8. 直剪摩擦试验和拉拔摩擦试验有何异同？试从多个角度作简要说明。

第6章

岩土体的注浆加固技术

注浆加固，就是通过造孔，将注浆浆液注入围岩中，靠注浆压力使浆液向围岩的裂隙扩散，使岩体形成一个加固带，即注浆帷幕，从而提高岩体的整体性、增强围岩强度的一种技术。注浆加固施工工艺简单、容易操作、成本低，而且加固效果好，可黏结或固结遭各种类型破坏的松动圈及破碎带，是松散围岩巷道维修的有效途径。注浆加固适用于各种破坏形成的巷道，尤其对一些围岩破坏严重的巷道，其效果就更加明显。

6.1 渗透性及压水试验

研究岩土材料的渗透性，必须考量三个方面。一是介质条件是什么？二是用什么测试方法和测试指标？三是评价标准是什么？比如用野外抽水方式测得岩土材料的渗透系数（cm/s 或 m/d），又比如用野外（工程现场）注水或压水试验测得岩土材料的渗透系数或单位吸水量。根据渗透系数或单位吸水量再来判断岩土材料的渗透特性。

6.1.1 压水试验

在水文地质领域，在地下水位以下，通过抽水试验测水文地质参数，比如渗透系数。在地下水位以上，通过注水（回灌）试验测水文地质参数，控制地面沉降，调整地下水位或是采油的需要。在深层裂隙岩体中为测定封堵裂隙的情况和效果，要用压水试验评价岩层（体）的渗透性。

压水试验是测定岩石（体）渗透性特征最常用的一种渗透试验方法。它是靠水柱自重或泵压力将水压入到钻孔内岩壁周围的裂隙中并以一定条件下单位时间内的吸水量多少来表示岩层（体）的渗透性。如长江三峡坝址岩体的单位吸水量 $\omega < 0.01$。

6.1.2 压水试验的目的和作用

压水试验的作用和目的与工作阶段有关。

（1）在工程地质勘察阶段，为了解岩层的透水性，要测定渗透系数。

（2）在灌浆施工阶段之前，为了解岩体（层）中裂隙的大小、分布、连通情况及是否有充填等，为保证固结或防渗标准，需要得知每一灌浆段上的单位吸水量，以确定灌浆材料、工艺及技术参数（如深度、孔径、孔距、排（行）距等）。

6.1.3 压力的组成和选用

压水试验中压力的大小选用是一个重要因素。一般情况下，使用较高的压力是有利的，它有利于弄清裂隙的存在状况和灌浆质量，但压力也不能太大，压力太大易引起裂隙扩展和岩层的移动变形。在地质勘察时用低压，如 $0.1 \sim 0.3$MPa；在冲洗钻孔时用高压，也要小于或等于灌浆压力，如 $0.6 \sim 1.5$MPa，根据岩性和裂隙状况，也可以更大。

实际压力的组成可用下式表示：

$$p = p_0 + p_1 - \Delta p \tag{6-1}$$

式中　p_0——压力表指示压力，换算成水柱高（m），压力表装在进水管上；

　　　p_1——压力表至地下水位的水柱高（m）；

　　　Δp——均匀管路压力损失水头（m），

$$\Delta p = \lambda \times l/d \times V^2/2g \tag{6-2}$$

其中　λ——水管摩阻系数，$A = 0.02 \sim 0.03$；

　　　d——管路内径（m）；

　　　l——管路总长度（m）；

　　　V——水在管内的流速（m/s）；

　　　g——重力加速度，取 $g = 10\text{m/s}^2$。

在压水或灌浆中，管路不可能都是均匀的，从来水（浆）方向说，有时由大管变小管，有时由小管变大管，管路水头损失都不一样。

6.1.4　压水试验的方法（类型）

施工时总是先钻孔再冲洗钻孔，然后进行压水试验、灌浆及检查质量，直至全部完成。钻孔孔径一般为 $75 \sim 91$mm。岩性不同，钻头质量不同，孔径也有不同。孔位方向最好与裂隙面垂直，穿透很多裂隙面，钻孔偏斜应符合专门的规范规定。钻孔的布孔形式及孔距应根据岩性、裂隙状况、岩层透水性、压力大小及压水、灌浆材料的稀稠、岩层单位吸水（浆）量等情况综合考虑而定，孔距一般为 $3 \sim 5$m。

压水试验施工时，要用专门的活动栓塞（橡胶制品为主）隔绝在一定的钻孔区段，以不同的压力不断压水。根据压力大小，可分为 $1 \sim 3$ 个压力阶段（低压、中压、高压）。采用 3 个压力阶段可以提高试验精度，但时间较长。1 个压力阶段因省时也较常采用。

压水试验常用的具体方法类型如下。

1）由上向下分段压水法

这种压水方法如图 6-1 所示。每钻进一段（一般为 5.0m 左右），使用活动栓塞隔离，进行压水（浆），最后将固结的水泥（塞）钻透，再钻进下一段，重复以上过程。

2）由下而上分段压水法

这种压水方法如图 6-2 所示。将栓塞安置好后，先在下段压水，然后上提栓塞，用黏土或水泥阻塞孔底，用栓塞分段隔离压水。该方法实际采用少。

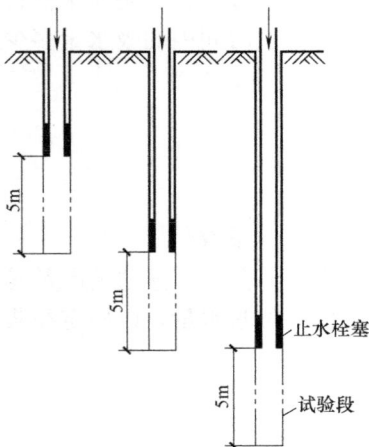

图 6-1　由上向下分段压水法

3）综合压水法

这种压水方法如图6-3所示。将钻孔钻至预定试验深度，将栓塞固定安置在第一试验段上部，进行第一次压水，试验段通常为5.0m。随钻进逐次延长综合压水段长度，直至符合设计要求。

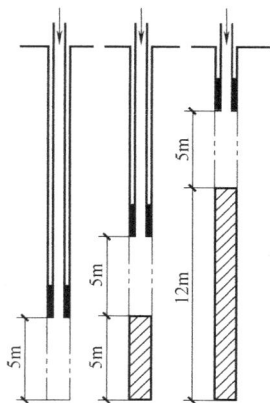

图6-2 由下向上分段压水法

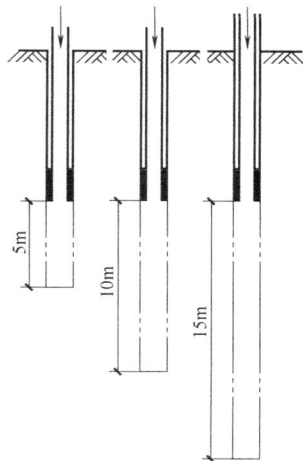

图6-3 综合压水法

6.1.5 试验测试指标

压水试验的结果，一般用单位吸水（浆）量表示，即在相当于1m高的压力水头作用下，岩孔中每米长度上，每分钟内压（吸）入孔壁裂隙中的水（浆）量，它的计量单位为L/(min·MPa·m)。在水文地质中，吕荣（法国人）在20世纪初期建议压水试验压力采用1.0MPa（相当于100m水头压力），在该压力作用下，岩石（体）钻孔中每米段长、每分钟压（吸）入岩壁裂隙中的水量为1L时，称为1吕荣，它的计量单位为L/(min·MPa·m)。也有人主张压水试验压力不用1MPa，而用0.3MPa，0.6MPa，0.3~0.8MPa，所以在使用压水试验结果时，一定要弄清楚试验压力和试验条件。

6.1.6 试验结果及应用

由压水试验可计算单位吸水量（ω）及岩层的渗透系数（K），即

$$\omega = \frac{Q}{l \cdot s} \tag{6-3}$$

式中　Q——钻孔中压水的稳定流量即吸水量（L/min）；

　　　l——钻孔压水试验段长度（m）；

　　　s——压水试验段上压力，化成水柱（头）高度（m）。

当压水试验段底部距隔水层的厚度大于试验段长度时，则岩层的渗透系数 K 计算如下：

$$K = 0.525\omega \lg \frac{0.66l}{r} \tag{6-4}$$

式中　r——钻孔半径（m）。

当压水试验段底部距隔水层的厚度小于试验段长度时，则岩层的渗透系数 K 计算如下

$$K = 0.525\omega\lg\frac{1.32l}{r}\qquad(6\text{-}5)$$

式中各符号含义见式（6-3）、式（6-4）。

单位吸水量（ω）与渗透系数（K）均用来评价岩体（层）的渗透水特征。应用时它们的区别在前文中已有说明。单位吸水量（ω）、渗透系数（K）和渗透特征及分类见表 6-1。

岩土渗透等级划分   表 6-1

渗透等级	裂隙岩体单位吸水量 ω(L/(min·MPa·m))	土体渗透系数 K (m/d)
极严重透水	>10	>100
严重透水	1.0～10	25～100
强透水	0.1～1.0	5.0～25
中等透水	0.05～0.1	0.2～5.0
弱透水	0.01～0.05	0.02～0.2
极弱透水或不透水	<0.01	<0.02

6.2 压浆工艺和封闭裂隙

压水试验的最终目的是为了灌浆（压浆）。灌浆可分为水工坝体的帷幕灌浆、固结灌浆，还有在界面处的接触灌浆，地基、基础、围岩、破碎带灌浆，裂隙、断层、洞穴灌浆等。灌浆设计方案及施工工艺与压水相似。

6.2.1 灌浆施工方法

1）自上而下分段（通常为 5.0m）灌浆

灌浆工艺流程如图 6-4 所示。这种灌浆方法适用于下列情况。

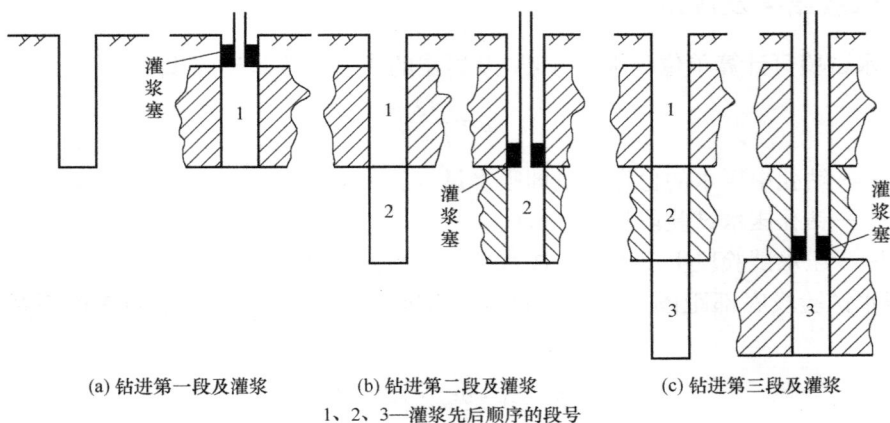

(a) 钻进第一段及灌浆   (b) 钻进第二段及灌浆   (c) 钻进第三段及灌浆

1、2、3—灌浆先后顺序的段号

图 6-4 自上而下分段灌浆流程示意图

（1）岩石破碎，孔壁不稳固，孔径不均匀。

（2）竖向节理、裂隙发育。

（3）渗漏情况比较严重。

自上而下分段灌浆方法由于灌浆塞置于已灌段的下部，所以返浆量少甚至没有，浆液大部充填裂隙，容易保证灌浆质量。由于已灌段在上面，能逐渐增大灌浆压力，提高效果和质量，但上段要待凝，下段才能灌，费时较多。

2）自下而上分段灌浆

灌浆工艺流程如图 6-5 所示。这种灌浆方法适用于岩石比较完整，节理、裂隙不很发育，渗透性不很大的情况。这种方法无需待凝，施工省时间，但要增大灌浆压力。灌下段时，上段裂隙易受岩粉堵塞，影响灌浆质量。

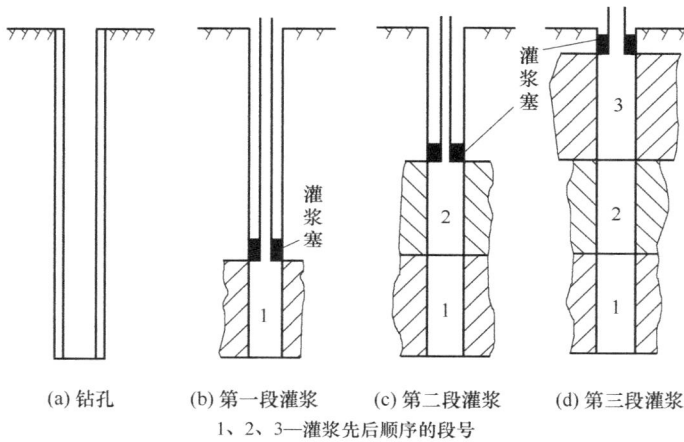

| (a) 钻孔 | (b) 第一段灌浆 | (c) 第二段灌浆 | (d) 第三段灌浆 |

1、2、3—灌浆先后顺序的段号

图 6-5 自下而上分段灌浆流程示意图

3）综合灌浆法

灌浆工艺流程如图 6-6 所示。将灌浆塞（同压水试验的止水栓塞）固定安置在第一灌浆段（通常为 5.0m 左右）的上部，然后进行封闭的自上而下的分段灌浆，随钻进逐渐延长综合灌浆段长度，直到符合设计要求。当上部岩层裂隙多，比较破碎、钻孔又深时，此法比较好。也可以自下而上分段灌浆，视地质、岩性及费时多少而定。

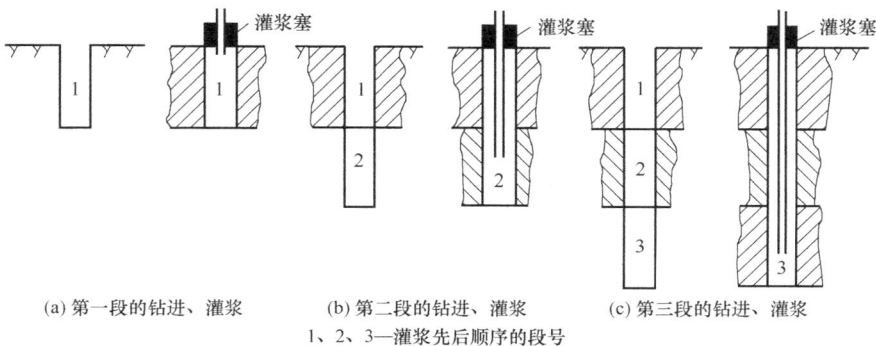

| (a) 第一段的钻进、灌浆 | (b) 第二段的钻进、灌浆 | (c) 第三段的钻进、灌浆 |

1、2、3—灌浆先后顺序的段号

图 6-6 自上而下孔口封闭的分段灌浆流程示意图

6.2.2 灌浆材料及添加剂

灌浆材料最常用的是水泥浆（水泥和水）。

1）水泥品种及强度

（1）水泥品种

① 普通硅酸盐水泥，简称普通水泥（P.O）。

② 火山灰质水泥。

③ 矿渣水泥。

④ 抗硫酸盐水泥。

⑤ 大坝水泥，又可分为硅酸盐大坝水泥和矿渣大坝水泥。

（2）水泥强度等级

在水泥灌浆中的水泥强度等级一般不低于 P.O42.5。确定强度等级用水泥砂浆试样，用水养护 28d 的单轴抗压强度（MPa）作为水泥强度。强度越高，颗粒越细，比表面积越大，水泥水化越充分，性能越好。

2）水灰比

必须有一定的水灰比，保证浆液具有一定的流动性，才能灌进岩层的节理、裂隙中，灌浆时要堵塞宽度≥0.2mm 的裂隙。再小的裂隙要靠化学灌浆或硅化法处理加固，硅化法是向裂隙中注入 $Na_2O \cdot nSiO_2$ 溶液或同时注入 $CaCl_2$ 溶液，起到填充、胶结、固化作用。

所谓水泥浆的水灰比，我国用质量比，英国、美国家常采用体积比。我国水灰比的范围一般多为 10:1～0.5:1。我国灌浆采用的比级为 10:1、5:1、3:1、2:1、1.5:1.0、1:1、0.8:1、0.6:1、0.5:1；还有第二种比级为：10:1、8:1、6:1、5:1、4:1、3:1、2:1、1:1、0.8:1、0.6:1。

3）水泥浆的凝结和安定性

水泥的凝结时间分为初凝和终凝，都有一定的时间要求。要保证初凝时间不能太早，终凝时间不能太迟。

水泥体积的安定性是指水泥硬化后因体积膨胀体积变化的均匀特性。安定性好即试件煮沸一定时间后体积膨胀值小于国家规定标准并且没有出现裂纹、没有变形。这是水泥质量评价的重要指标之一。

4）对地下水侵蚀的抵抗性能

在灌浆处理的范围内，如有地下水的侵蚀性，就要求水泥具有抗侵蚀性。可以通过选择水泥品种、检验水泥中的有害成分和在水泥中或水泥浆中加添加剂等方法，提高水泥的抗侵蚀性。

5）水泥浆中的添加剂

为了改善水泥或水泥浆的某些性能，提高或保证灌浆质量。经常需要（使用）一些添加剂。

（1）速凝剂。常用的速凝剂有 $CaCl_2$、$Na_2O \cdot nSiO_2$，掺加量一般为水泥用量的百分之几。

（2）塑化剂。这是亲水性表面活性剂，目的在于增加塑性，改善浆液的流动性。常用的塑化剂有亚硫酸盐酒精废液、苇浆废液、膨润土（含蒙脱土的一种黏土，液限为100%，塑性指数 $I_p=52$）试剂、磷酸钠（Na_3PO_4）、焦磷酸钠（$Na_4P_2O_7$）等，它们的掺加量更少，通常为水泥用量的百分之零点几。

（3）其他添加剂根据需要，有的情况需要添加缓凝剂、膨胀剂、稳定剂，有的情况需要添加使后期强度增高的增强剂等。

6）其他浆液灌浆材料

在岩石力学、土力学、地基和基础领域内，灌浆的类型和工程项目很多，灌浆的材料也很多。除水泥浆外，还有黏土浆、石灰浆、水玻璃（$Na_2O \cdot nSiO_2$）浆、水泥砂浆等，还有各种混合浆。

7）化学灌浆

水泥灌浆应用很普遍，水泥是常用的灌浆材料。但它的不足之处是细微裂隙（如裂隙宽度<0.2mm）灌不进去，对于裂隙中有集中渗流时，水泥灌浆就不易生效。化学灌浆可以填塞宽度<0.2mm，甚至宽度<0.1mm 的裂隙。化学灌浆是将化学材料所配制的浆液作为灌浆材料的一类灌浆方法。

（1）丙凝灌浆：丙凝是一种合成有机化合物，它具有与水几乎一样的可灌性，是一种含水率很大的凝胶体，常用来堵塞渗漏。

（2）甲凝灌浆：甲凝以甲基丙烯酸甲酯为主要成分，黏度很低，渗透性很强，可填塞宽度<0.1mm 的裂隙，粘结力和强度很高。

（3）环氧树脂灌浆：环氧树脂浆液是以环氧树脂为主，加入一定的固化剂、稀释剂、增韧剂等混合而成。环氧树脂灌浆多用于混凝土补强工程，效果好。

6.2.3 灌浆压力

灌浆压力是指灌浆段上所受的全压力。和式（6-1）相仿，也有三个部分。三个部分分别是灌浆孔口（进浆）压力表上的指示压力，压力表至灌浆段间的浆液自重，压力表至灌浆段间的管路损失。前两部分之和减去后一部分为灌浆实际压力。

灌浆压力的具体大小应由试验确定，如大坝灌浆应大于大坝水库的设计水头压力。在施工时也可以分级逐步达到最大压力，如分为 $0.5p$、$0.8p$、$1.0p$（p 为最大压力），压力不同，单位吸浆量也不同。如丹江口大坝灌浆压力用 1MPa，长江三峡大坝坝基用1.5MPa，少数大坝、高坝灌浆压力更大，甚至达到 3~5MPa。

6.2.4 可灌性

可灌性就是浆液能不能灌进去、灌浆效果和目的能不能达到的问题。这显然取决于灌浆的浆液材料和被灌的岩层（体）情况。

从浆液方面讲主要就是浆液的黏度要小，流动性要好，渗透性强。为了进一步改善浆液性能，使可灌性更好，必要时再掺一些添加剂如增塑剂。如灌水泥浆，我国用的水灰比常用范围为 10∶1～0.5∶1；英国、美国用的水灰比范围为 20∶1～0.5∶1；又如我国用的水泥黏土浆（水泥∶黏土∶水）为 1∶1∶20～1∶1∶8，灌浆用的 P. O32.5～P. O42.5级普通水泥，颗粒粒径为 30~50μm，在压力作用下，浆液在裂隙中扩散能力强。

从被灌的岩层（体）方面讲，要求具有下述条件：①岩体材料裂隙宽度>0.2mm，再小的裂隙要用化学灌浆；②单位吸水量 $\omega > 0.01\text{L}/(\text{min} \cdot \text{MPa} \cdot \text{m})$ 或渗透系数 $K > 1.0\text{m/d}$；③裂隙中水的流速 $\leqslant 80\text{m/d}$，水的流速太大时，要在浆液中加速凝剂；④地下水的化学成分不影响水泥的凝结和硬化。

在灌浆工程中常用一个术语叫可灌比，它是被灌材料砂石粒径级配曲线上 D_{15} 和灌浆材料（如水泥）粒径级配曲线上 d_{85} 的比值，用 $M = D_{15}/d_{85}$ 表示，$M \geqslant 15$ 时可灌水泥浆，$M \geqslant 10$ 时可灌水泥黏土浆。在工程实践中，M 值还要结合 $D_5 \leqslant 0.1\text{mm}$ 和粒径级配不均匀系数 $C_u = D_{60}/D_{10}$，三项指标综合考虑，再通过试验确定有关技术参数。

6.2.5 灌浆事故分析及措施

1）灌浆中断

在灌浆过程中因出现一些情况而被迫暂停的现象称灌浆中断。其情况有机械、输浆管、仪表（如压力表）、地质（如节理、裂隙发育、岩层破碎）、灌浆塞堵塞不严、大量跑浆等方面的原因，需要停灌一段时间。一般应尽量连续灌浆，不得不中断时，要采取措施以减少对灌浆质量的影响，比如灌浆中断后应立即压水冲洗正在灌的灌浆段钻孔，以免不久前灌入的浆液沉淀、凝结、堵塞灌浆孔。

2）串浆、冒浆、漏浆

串浆指浆液从其他钻孔中流出。说明裂隙多、互相连通，也可能灌浆压力偏大。施工中可适当加大灌浆孔距，采用自上而下分段灌浆，有利于防止串浆。在一个灌浆孔中，由于岩层裂隙多，灌浆塞（橡胶塞）堵塞不严，在压力作用下浆液串到灌浆孔上部，也是一种串浆形式。在压水试验中应仔细检查，发现类似的现象，用质量更好的橡胶塞，由上而下分段灌浆时，上一段灌浆后，应当有适当的待凝时间，可以改善上述情况。

如果灌浆孔浆液沿裂隙上串而冒出地表称为冒浆。如果裂隙发育、上下连通性好，为了保证灌浆质量、要封堵裂隙，不可随便降低灌浆压力。应提高孔口封堵质量，如质量更好的灌浆塞（橡胶塞），再用棉、麻之类嵌塞，表面再抹一层速凝的水泥浆或水泥砂浆，适当灌入浓浆，根据经验，可以解决问题。

在裂隙很发育的岩体中产生大量漏浆是重大事故，也可能浆液漏到灌浆段（范围）以外，也可能漏到岩体中的洞穴中，这是一个无底洞，必须高度重视，慎重处理。这主要是地质勘察工作失误或工作不细，未发现本来应该发现的问题，如灌浆段（范围）附近的大裂隙、洞穴或裂隙极发育，连通性极好。对于这种情况，应综合工程地质、地质力学、岩石力学、岩体力学与工程，岩体灌浆处理范围内的稳定、强度、防渗等要求确定对策。

3）涌水情况下的灌浆施工

岩体中有裂隙，裂隙中常有水，甚至存在承压水，在灌浆时就会有涌水现象，加固（包括灌浆处理）水库大坝时，也常有涌水现象。这时可用稀浆（水灰比大）在灌浆压力不降低的情况下进行灌浆，直到结束；或灌浆和压水同时进行，压力在 $0.6 \sim 0.8\text{MPa}$，也能取得效果；或用浓浆进行灌浆，其中加促（速）凝剂，直到结束。

4）冬季灌浆

灌浆工作地方，温度应在 10℃ 以上，对浆液和输浆管路应加热（热水或蒸汽，工作地方应不间断的测试温度，是为了保证灌浆质量）。

6.2.6 灌浆效果及检验

灌浆工作当吸浆量减少到一定程度时就可结束，其定量标准也没有严格统一。因为灌浆目的有所不同，岩层情况、灌浆材料及压力也不完全相同。一般在规定的灌浆压力作用下当岩层吸浆量 $Q \leqslant 1\text{L/min}$ 时，灌浆即可停止，在这个范围内，工程要依各种情况再作出明细规定。

如大坝帷幕灌浆，防渗标准要求很高，要求 ω 为 $0.01 \sim 0.05 \text{L/(min·MPa·m)}$，大坝、高坝情况用较小值，中低坝用较大值。

如大坝固结灌浆，强度是主要的，抗渗标准可以低些，压水试验中要求 ω 为 $0.02 \sim 0.05 \text{L/(min·MPa·m)}$。

除大坝灌浆外，还有界面（如断层、混凝土与岩层）灌浆，地基基础灌浆，隔水帷幕，围岩灌浆、破碎带、洞穴灌浆等，虽情况不同，各有要求，但一般都低于大坝灌浆的要求。可参照大坝的固结灌浆和帷幕的检验方法进行。如隔水帷幕，有一定的防渗要求，可以是地下连续墙，也可以是高压旋喷、深层搅拌形成的墙体。

除上述检验方法之外，还可以在坝体内设置的廊道中检查扬压力（渗流压力和浮托力之和）的水位，若水位很低说明灌浆质量很好。

还可以用弹性波速检验，灌浆后堵塞裂隙，岩体成了弹性连续介质，和裂隙介质相比波速是不同的。通过灌浆前后测得不同的弹性波速，可以判断灌浆的质量、强度及防渗性能。

6.3 测试结果及应用

测孔隙水压力也很重要。在饱和土中总应力由有效应力和孔隙水压力组成。在非饱和土中总应力包括有效应力、孔隙水压力和孔隙气压力。孔隙水压力和孔隙气压力较难测准，因而有效应力原理的应用就受到影响。有效应力原理是土力学理论的重大发展，它反映了岩土工程强度的本质。岩土工程计算中都有误差，甚至误差很大，原因当然是多方面的，但最主要的原因有两个：一个是材料力学、弹性力学中均匀、连续、各向同性的弹性体假定是近似的，不完全符合实际；另一个是计算参数误差大，可靠性差。

岩体和土体的重要区别是岩体中有各种成因的节理、裂隙、甚至是裂缝，这些裂隙（缝）的存在严格地说使岩体不成为连续体，这就从根本上动摇了岩土力学的基本假定，所以许多学者尤其对岩石（体）力学问题，从损伤力学，甚至从断裂力学角度去研究，就是认定岩体不是严格的连续体。但目前从岩土力学与工程应用、材料力学、弹性力学方面来讲，压水、灌浆工程就是要堵塞裂隙，使岩体成连续体或近似地连续体，从而改善了岩性和岩体工程测试的前提条件，更好地测试岩体中界面的接触应力（压力）、岩体（石）中应力（包括构造应力即地应力，工程荷载作用下的附加应力）。岩体内部裂隙被封堵后，成为连续介质，岩体（石）内部埋设仪器、仪表后，变形、应变、位移才能测得准，这就为反分析法提供了基础条件。反分析法是先测位移、应变，在此基础上去作应力、应变参数分析。比如测挡土墙位移、变形，再反演土的抗剪强度；又比如确定本构关系，先弄清各种影响因素的作用方向和规律，再通过演绎或归纳建立方程，然后再求解方程。

岩土的渗透性及测试应用是广泛的，如野外抽水、基坑降排水、管涌、流砂、地层液化、隔水帷幕、隧道及矿井渗漏水、桥墩围堰、大坝基础防渗、水下工程、农田灌溉、地面沉降、环境工程如回灌等都与岩土的渗透性有关，都要进行测试。

6.4　工程实例——矿山巷道突涌水害综合治理

6.4.1　工程背景

本工程实例为四川省昊华磷矿燕子岩井底涌水治理工程，位于龙门山构造带东北部，板块运动强烈，地质环境复杂。

6.4.2　涌水灾害分析及地球物理探测

昊华磷矿 1 号胶带斜井施工至掌子面 K1＋573m 位置时，一直没有涌水的掌子面顶拱有两处（标高为 814.11m）出现大量涌水，突水量约 450m³/h，2 台排水量为 100m³/h 水泵一用一备运行作为其施工阶段的临时排水水泵。由于汛期连续降大暴雨，井底涌水量从初期 400m³/h 涨到最高 1200m³/h，虽经全力抢救，但燕子岩矿段还是发生了淹井，对整个项目施工进度造成极大影响，故需进行堵水治理。

昊华磷矿处于扬子准地台（Ⅰ）龙门山—大巴山台缘坳陷（Ⅱ）龙门山陷褶断束（Ⅲ）漩口坳褶束（Ⅳ）北东段次级构造—大水闸复式背斜南东翼。以大水闸复式背斜为主的基底构造和 F1、F2 区域性断裂控制了龙门山陷褶断裂束不同地质历史时期的沉积构造、地层厚度和岩相变化及分布。

深部接替工程 1 号胶带斜井设计施工位于矿层顶板方向，透水位置处于二叠系灰岩地层内，在施工中发现巷道掘进入泥夹石内无法进行钻进，经初步判断为侵蚀面上部的充填溶洞，充填体干燥呈胶状，规模未知且周围有构造面。

1）斜井涌突水机理分析

从开始发生涌水以前，1 号胶带斜井未有严重的透水现象。经过详细的水文地质调查，排除地下暗河、承压水因素。几天后突发透水，主要由于此前几天地表降水剧增，经山体渗透，导水断层、裂隙进入冲刷溶洞充填体，待冲开堵塞的泥巴后，地表水、裂隙水随之到来。

综上，1 号胶带斜井涌突水形成机理如下：1 号胶带斜井从 K1＋573m 开始往前为一构造破碎带，富水性好，天然条件下赋存了大量地下水，形成了一大型静储量含水构造。在岩溶水和水压的持续作用下，破碎带内的充填物质不断发生松散软化。在暴雨后雨水由导水断层、裂隙进入冲刷溶洞充填体，导致地下水位升高、水压增大，同时斜井开挖为破碎带水体下覆松散体创造了滑移空间，高水压击穿堵塞的泥巴后形成涌水。涌水发生后，由于破碎带导水性好，地下水快速涌向斜井，造成地下水位降低。斜井涌突水形成，见图 6-7。

2）地球物理探测

为了进一步验证涌水灾害分析结果，掌握工作面前方地下水、岩溶分布等工程地质情况，对燕子岩矿段 1 号胶带斜井及 2 号胶带斜井进行了瞬变电磁法探测。

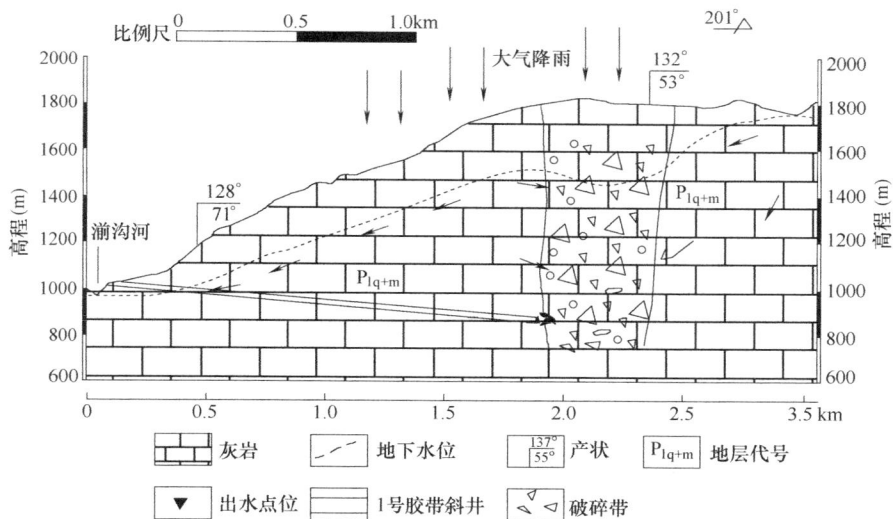

图 6-7 斜井涌突水形成示意

（1）预报方法及原理特点

瞬变电磁法是通过发射线圈或直线供脉冲电流，在法线方向产生一次磁场，一次磁场的传递经地质体产生涡流，涡流衰减过程会产生一个衰减的二次磁场，通过接收回线采集二次场，通过二次场可以反映地质体内部电性分布特征。当按照不同的延迟采集二次场所产生的感应电动势 $V(t)$，就可以获得二次场随时间变化的特征曲线，通过改变曲线体现地质体的特性。当地质体为良导体时，电流关断时，涡流衰减维持一定时间，当地质体为非良导体时，电源关断涡流无法维持，这也就是瞬变电磁法对低阻体敏感的原因。瞬变电磁法典型超前预报成果如图 6-8、图 6-9 所示。

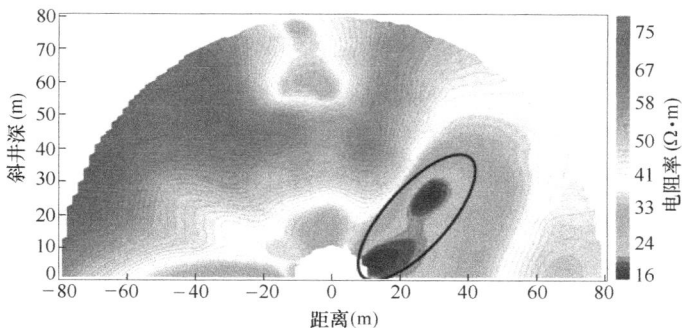

图 6-8 2 号胶带斜井横剖面预报成果

（2）测量结果

测量数据的反演结果表明，掌子面斜下位置、1 号胶带斜井左侧、2 号胶带斜井前方均存在不同范围的低阻异常体。根据水文地质和构造地质结果，分析其异常主要为岩溶充水异常和小裂隙水。根据现场情况及测线结果推测，1 号胶带斜井掌子面前方及靠近掌子面区域拱顶等 20m 范围内含水较丰富；2 号胶带斜井右侧 10～30m 范围内含水，推测离测线起始位置 4～5m、10～30m 处存在夹层含水情况。

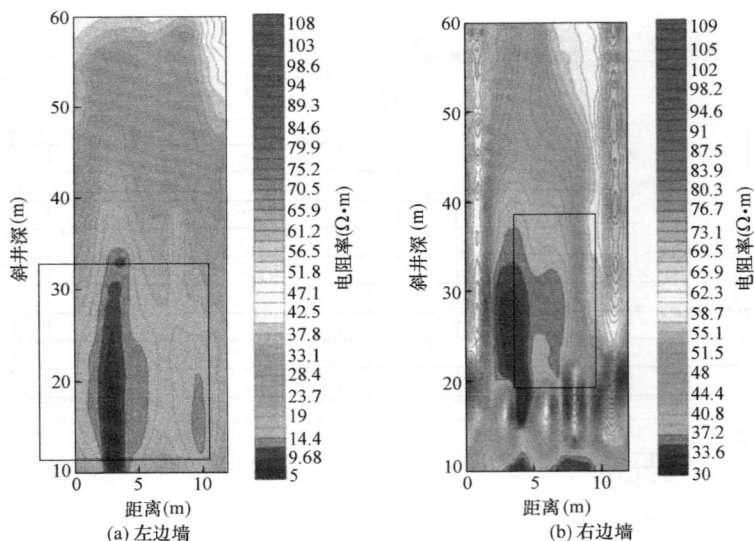

图 6-9　2号胶带斜井、右侧墙预报成果

6.4.3　涌水注浆治理

1）注浆设计方案

（1）工程的主要施工方法

本次施工的流程为首先将表面散状流量的出水点封堵，然后加固深层围岩，使其形成一层防渗固结圈，最后对集中涌水点进行堵水治理。本项目拟通过多种物探手段＋定点注浆＋径向注浆＋局部防渗注浆等手段进行综合堵水治理，并派遣注浆堵水经验丰富的专业施工队伍，结合堵水专用注浆材料，确保顺利达成指定目标。

（2）注浆方式的选择

注浆采用纯压式注浆，埋管和孔口卡塞相结合的方式。若钻孔遇到涌水时，立即停钻注浆。针对吸浆量大、长时间难以结束的注浆孔，采用间歇注浆，间歇24h后扫孔复注。

（3）钻孔布置及参数

① 孔位布置。本次工程治理中，采用了多排注浆，按照环间环内各分两序布置。施工时单排按照次序施工序孔。若前序孔施工完后涌水现象消失，可考虑减少后面序孔的施工，当两序孔施工完后涌水现象没有停止，则需要针对现场效果采用局部注浆法进行局部治理。

② 钻孔参数设计。钻孔初步按照以下方式布置，注浆控制范围整体按 6.0m 考虑，孔距为 1.0～2.0m，排距为 2.0m，孔深为 6m，拱顶和边墙孔径为 $\phi50～90mm$，出现涌水点部位按 8m 孔深考虑，实际施工过程中可依据现场地质情况及涌水量，对注浆控制范围、布孔数量和孔深进行调整。

2）注浆材料选择

使用 BD-NGC 水下不分散浆液（初终凝时间可根据现场调节）直接采用单液注浆，浆液水灰比 0.6：1～1：1，施工工艺简单。主要参数如下：

该浆液具有在水下不分散的特点，抗分散能力强，不易被水冲刷而造成浆液流失。同时凝结时间可调、初凝时间短、初终凝间隔短，早期强度上升快、后期强度高。材料价格虽高于水泥浆及水泥-水玻璃双液浆，但浆液扩散范围可控，浆液不易流失，注浆效率高，能够大幅减少材料用量，提高施工效率和堵水成功率，经济效益显著。根据现场施工情况，掌子面漏水点 20m 范围外或轻微渗水、涌水部位采用普通水泥浆液为主，掌子面漏水点 20m 范围内或较大涌水、破碎带、断层等情况采用 BD-NGC 水下不分散浆液。

3）注浆数值模拟

结合治理现场情况，用计算流体力学中的两相流理论对动水条件下的浆液扩散情况进行模拟，在数值模拟试验中做如下假定：

（1）假定试验模型的介质为渗透系数固定的各向同性介质；

（2）假定治理现场使用的注浆材料为宾汉姆流体，地下水为不可压缩的各向同性流体；

（3）假定注浆材料和地下水混合的空间为达西两相渗流场，地下水的渗流方向统一，压力恒定。

本次数值模拟使用 Comsol 软件，使用 Comsol 中自带的多孔介质和地下水模块建立相关模型，并使用该模块下的两相达西定律物理场及流-固耦合场进行求解，模拟结果如图 6-10 所示。

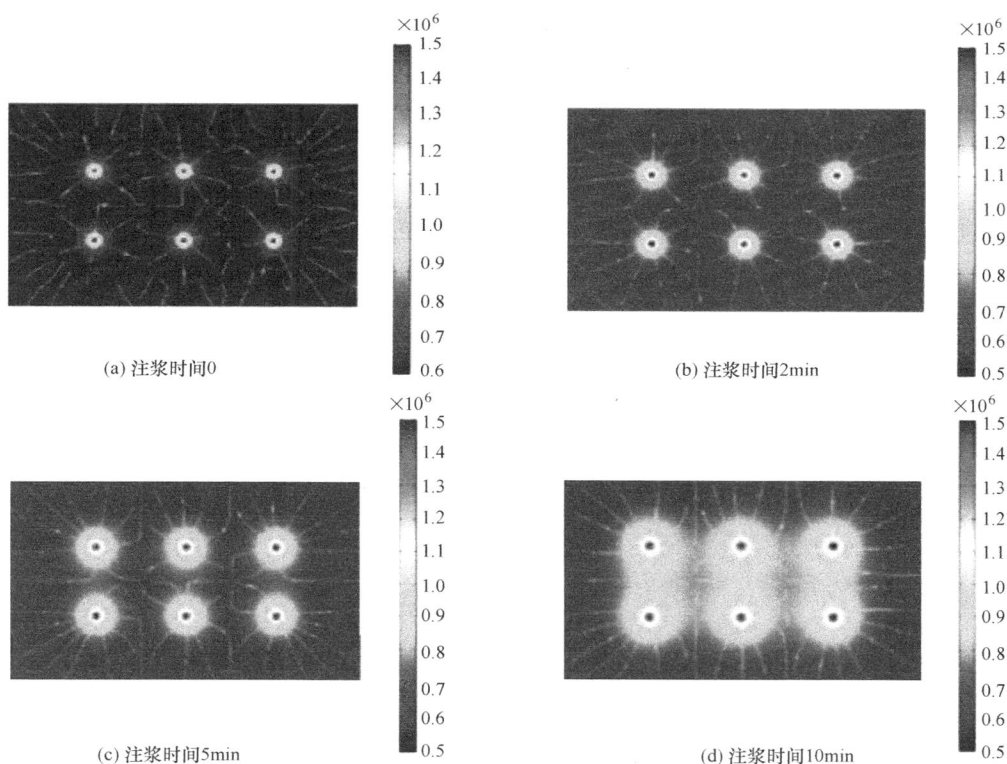

(a) 注浆时间0

(b) 注浆时间2min

(c) 注浆时间5min

(d) 注浆时间10min

图 6-10 注浆数值模拟

通过模拟结果可以看出，浆液在涌水渗流压力下，以注浆孔为中心呈圆环状由内向外扩散，扩散半径随着时间的增加而增大，注浆孔中心浓度颜色较深，且四周浓度相对较浅，一段时间后，扩散半径趋于稳定，此时浆液已经凝固，注浆治理完成。

4）施工及治理效果

根据数值模拟和地质情况，设计最大注浆压力为 1.5～2.0MPa，单孔注浆量为 1.5m³，注入率少于 1L/min 时结束注浆。此次注浆设计消耗材料 420t，实际消耗水泥、BD-NGC 水下不分散材料 402t；设计注浆孔总长 4250m，实际完成 4320m，可见通过数值模拟、材料优选、优化设计，并结合水文地质、构造地质，可以合理地指导注浆施工。

依据合同质量标准要求，单孔出水量不大于 6m³/h 则为满足要求，否则需进行补强处理，本次注浆效果检查采用钻孔检查法对出水量和浆液的充填程度进行评价。结合工程水文地质资料和围岩情况，在薄弱环节布置检查孔，施工前，出水量约 400m³/h，经注浆堵水施工后，检查孔出水量＜1m³/h，远低于合同要求小于 6m³/h 的出水量标准，堵水率达到 99％以上。如图 6-11 所示，右侧为注浆前涌水水位，左侧为根据方案注浆后水位，达到了预期目标。

图 6-11　注浆前后出水量对比

6.5　本章练习题

1. 什么是压水试验？如何选择适当大小的压力？压水试验的类型有哪些？
2. 简述三种灌浆施工方法。
3. 可灌比的定义是什么？不同数值可灌比分别表示什么状态的泥浆？
4. 灌浆过程中可能会发生哪些问题？防治措施是什么？
5. 测试孔隙水压力时出现误差的原因有哪些？
6. 简述工程实例中涌水注浆治理的主要步骤。

附 录

岩土工程室内试验指导书

附录 A 土的密度及含水率试验

1. 试验目的

测定土的密度与含水率。

2. 土的密度测定

1）试验内容和原理

（1）试验内容：用环刀法测土的天然密度。

（2）试验原理：土的密度 ρ 是单位体积土的质量。

$$\rho=(m_1-m_2)/V$$

式中　m_1——环刀加土的质量（g）；

　　　m_2——环刀的质量（g）；

　　　V——土的体积（cm³）。

2）试验仪器及材料（环刀法）：内径 6～8cm，高 2～3cm，体积为 100cm³ 和 60cm³ 两种；天平：感量 0.01g，称量 200g，其他：切土刀，钢丝锯，凡士林。

3）试验步骤

（1）按工程需要取原状土或制备所需状态的扰动土样，整平其两端，将环刀内壁涂一层凡士林，称出环刀的质量，刀口向下放在土上。

（2）用切土刀（或钢丝锯）将土样削成略大于环刀直径的土柱，然后将环刀垂直下压，边压边削，至土样伸出环刀为止，将两端余土削平，取剩余的代表性土样用于测定含水率。

（3）擦净环刀外壁称重（若在天平放砝码一端，放一等重环刀）可直接测出湿土重，精确至 0.1g。

（4）计算土的密度，精确至 0.01g/cm³。

（5）本试验需进行两次平行测定，其平行差值不得大于 0.03g/cm³，取其算术平均值。

（6）操作注意事项：用环刀切取试样，为防止扰动，应切削一个较环刀内径略大的土柱，然后将环刀垂直下压，为避免环刀下压时挤压四周土样，应边压边削，直至土样伸出环刀，然后将两端修平用直刀一次刮平，严禁用直刀在环刀土面上来回抹平，如遇石子等其他杂物等要尽量避开，无法避开则视情况酌情补上。

4）成果整理

写出试验过程，整理试验数据，并填入表 A-1。

密度测定数据记录表　　　　　　　　　　　　　　　　　　　表 A-1

环刀编号	（湿土＋环刀）质量 m_1(g)	环刀质量 m_2(g)	湿土质量 (m_1-m_2)(g)	环刀体积 V (cm³)	密度 ρ (g/cm³)	平均值 $\bar{\rho}$ (g/cm³)
备注						

3. 土的含水率测定

1）试验内容和原理

（1）试验内容：用烘干法测土的含水率。

（2）试验原理：土的含水率 w 为土中所含水的质量 m_w，与土粒质量 m_s 的比值。

$$w = m_w/m_s \times 100\%$$

本试验以烘干法完成，为室内试验的标准方法，烘干法是将一定数量土样称重后放入烘箱中，在 $100\sim105℃$ 恒温烘至恒重。烘干后土的质量即为土粒质量 m_s，土样所失去质量为水质量 m_w。

2）试验仪器及材料烘箱：电热烘箱或温度能保持 $100\sim105℃$ 的其他能源烘箱及红外线烘箱等；天平，称重 200g，感量 0.01g；其他：干燥器，称量盒，削土刀等。

3）试验步骤

（1）取代表性试样 $15\sim30g$ 放入称量盒内，立即盖好。称湿土加盒的质量，精确至 0.1g

（2）揭开盒盖将试样放入烘箱，在温度 $100\sim105℃$ 下烘干到恒重。

（3）将烘干后的试样取出，放入干燥器内冷却，称出盒加干土质量，精确至 0.1g。

（4）计算土的含水率：本方法需要进行两次平行测定，取两次结果的算术平均值作为土的含水率，精确至 0.1%。

4）成果整理

写出试验过程，整理试验数据，并填表 A-2。

含水率测定数据记录表　　　　　　　　　　　　　　　　　　表 A-2

土样盒号	土样盒质量 g_1	盒＋湿土质量 g_2	盒＋干土质量 g_3	水的质量 $g_4=g_2-g_3$	干土的质量 $g_5=g_3-g_1$	含水率 w （质量分数，%）

附录 B　黏性土的液限、塑限的测定

1. 试验目的

测定黏性土的液限和塑限，从而算出塑性指数，用来作为黏性土的分类依据。其与天然含水率比较，可以判断土属于哪个稠度状态，借此可确定地基土的计算强度。

2. 基本原理

1）黏性土由于所含的水分不同，而形成流动状态，可塑状态，半固体状态及固体状态。测求土处于可塑状态与流动状态的界限含水率称为液限，测土处于可塑状态与半固体状态的界限含水率称为塑限。其液限与塑限之差称为塑性指数。

2）测定的方法有多种，这里我们采用塑液限联合测定仪法。

3）液限与塑限的测定只适用于小于 0.5mm 土粒占优势所组成的黏性土，土样含有大于 0.5mm 的颗粒或含有机物质 5%～10% 时，仍可用此方法，但必须注明有机物含量。

3. 仪器设备

1）液塑限联合测定仪：圆锥仪，读数显示器等；2）试样杯：内径 40～50mm，高 30～40mm；3）天平：称量 200g，分度值 0.01g；4）其他：筛（0.5mm）、烘箱、调土刀、凡士林等。

4. 操作步骤

1）本次试验采用风干土制备试样。取筛余土样，放在调土皿中，加水调成均匀浓糊状，制备成 3 组含水率不同的试样，用湿布覆盖，或放在密闭玻璃容器中，静置一昼夜。

2）将制备好的试样，用调土刀调拌均匀，分层装入土杯中，填装时注意勿使土内留有空隙或气泡，用刮刀将多余的土刮去，使与杯口齐平，并将土杯放在底座上。

3）将圆锥仪用布拭净，并用锥体上抹一层凡士林，提住锥体上端手柄，对准试样表面中部，至锥尖与试样表面接触时放开手指，使锥体在其自重下沉入土中，测出经过约 5s 其下沉深度。

4）从杯中圆锥沉入点附近（把附有凡士林的土去掉）取土 10g 以上，测其含水率，精确到 0.01。

5）将称量过的铝盒放入烘箱，在规定温度线烘至恒重，取出后冷却称量重量。

6）重复 2～7 次以上步骤，测试 3 种含水率土样的圆锥沉入度和含水率（三种土样最好分别为液限、塑限、固限左右的含水率）。

5. 记录格式

整理试验数据，填于表 B-1 中。

液塑限试验记录表

表 B-1

土样说明				
试验名称	液限		塑限	
试验次数				
土盒号数				

试验名称	液限		塑限	
土盒加湿土重(g)				
土盒加干土重(g)				
水重(g)				
土盒重(g)				
干土重(g)				
含水率(%)				
平均含水率(%)				
塑性指数 $I_P=$		土名:		
液性指数 I_L		土的状态:		
备注:天然含水率				

6. 误差分析

按下式计算液限 w_L (%) 与塑限 w_P (%):

$$w_L(\%)或\ w_P(\%)=\frac{g_1-g_2}{g_2-g_0}\times100\%$$

式中　g_1——称量盒加湿土重 (g);

　　　g_2——称量盒加干土重 (g);

　　　g_0——称量盒重 (g)。

计算至 0.1%。

附录 C 固结试验

1. 概述

固结试验的目的在于测定试样在侧限和垂直排水条件下的压力、变形和时间以及孔隙比和压力间的关系。以便绘制压缩曲线，求得土的压缩系数 a_v、压缩模量 E_s、压缩指数 C_c、固结系数 C_v 以及原状土的先期固结压力 p_c，用来判断土的压缩性和进行变形计算。

2. 试验原理

试样装在厚壁金属容器内，上下各放一块透水石，然后在试样上分级施加垂直压力

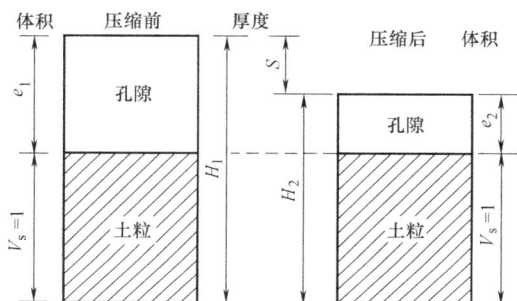

图 C-1 压缩前后土的体积变化示意图

p。测记加压后不同时间的垂直变形，由于试样受金属厚壁容器的限制，不可能产生侧向膨胀，因此该试验称为侧限压缩试验或无侧胀压缩试验。

设加压前土样的高度为 H_0，面积为 A，土样的体积为 V_0，颗粒体积为 V_{s0}，孔隙体 V_{v0}。压缩前后土的体积变化示意图如图 C-1 所示。

根据图 C-1 可得

$$\frac{H_0-H_1}{H_0}=\frac{(H_0-H_1)A}{H_0 A}=\frac{V_0-V_1}{V_0}=\frac{V_{s0}+V_{v0}-(V_{s1}+V_{v1})}{V_{s0}+V_{v0}}$$

由于土粒的压缩常量常可忽略不计，故 $V_{s0}=V_{s1}$ 代入上式得

$$\frac{H_0-H_1}{H_0}=\frac{\Delta H}{H_0}=\frac{V_{v0}-V_{v1}}{V_{s0}+V_{v0}}=\frac{\dfrac{V_{v0}}{V_{s0}}-\dfrac{V_{v1}}{V_{s0}}}{\dfrac{V_{s0}}{V_{s0}}+\dfrac{V_{v0}}{V_{s0}}}=\frac{e_0-e_1}{1+e_0} \tag{C-1}$$

即

$$e_1=e_0-\frac{\Delta H}{H_0}(1+e_0) \tag{C-2}$$

若通过试验测得稳定压缩量 ΔH，则可由上式求得相应的孔隙比 e_1；同样，在不同的压力 p_2、p_3、p_4 作用下都可测得稳定的压缩变形量，并求得相应的孔隙比 e_2、e_3、e_4 等，则可绘制 e-p 曲线（或 e-$\lg p$ 曲线）。

3. 仪器设备

目前常用的固结仪有磅秤式、杠杆加压式或其他加压设备形式。本试验用杠杆加压式。

固结仪包括固结容器和加压设备两部分，如图 C-2 所示。试样面积 $30cm^2$ 或 $50cm^2$，

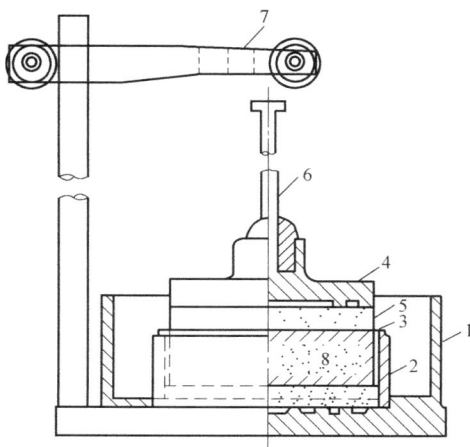

1—水槽；2—护环；3—环刀；4—加压上盖；5—透水石；6—量表导杆；7—量表架；8—试样

图 C-2 固结仪示意图

高 2cm；加压设备为杠杆及砝码。

4. 操作步骤

1）试样制备及含水率测定

（1）切取原状试样时，土层受压方向应与天然土层受压方向一致。

（2）环刀内壁涂一薄层凡士林，以减少试样与环刀壁的摩擦及对试样的扰动。

（3）切取试样时，先将环刀刃口向下压入土样少许，将土样修成略大于环刀直径的土样，边修边压，直至试样突出环刀为止，然后修去上下两端余土，修平试样表面（注意不要来回涂抹）。

2）测定试样密度：按照前两个试验的方法测定试样的密度及含水率。

3）安装试样：将带有环刀的试样，小心装入护环，再装入固结容器内，然后放上透水石和加压盖板。

4）将装好的固结容器放在加压框架下，对准加压框架正中，装上量表，并调节其可伸长距离不小于 8mm，然后检查量表是否灵敏和垂直。

5）在砝码盘上加预压荷载 50g（试样所受压力约 1kPa）使试样与仪器上下各部分之间接触良好，然后转动量表表盘，使指针对准零点。本次加压等级为 50、100、200kPa。

6）每 30min 记下测微表读数，精确到 0.01mm，并记录。

（1）计算试样的初始孔隙比 e

$$e_0 = \frac{G_s(1+0.01w_0) \cdot \gamma_w}{\gamma_0} - 1$$

式中　e_0——初始孔隙比；

　　　w_0——试验前土样的含水率（%）；

　　　γ_0——试样初始密度（g/cm³）；

　　　γ_w——水的密度（g/cm³）。

（2）计算各级荷载下压缩稳定后的相对沉降量 s_i

$$s_i = \frac{\sum \Delta h_i}{h_0}$$

式中　$\sum \Delta h_i$——某一压力下，试样压缩稳定后的总变形量（等于该荷载下压缩稳定后的量表读数减去仪器变形量。仪器变形量由实验室给出）（mm）；

　　　h_0——试样的初始高度（等于环刀高度）（mm）。

（3）计算各级荷载下压缩稳定后的孔隙比 e_i

$$e_i = e_0 - (1+e_0)s_i$$

（4）计算压缩系数

$$a_{v1-2} = \frac{e_2 - e_3}{p_2 - p_3}$$

（5）计算压缩模量

$$E_s = \frac{1+e_0}{a_v}$$

式中　E_s——压缩模量（MPa）。

其余符号含义同上。

7）绘图

（1）土的变形与时间关系曲线。

（2）压缩曲线，即 $e\text{-}p$ 曲线。

附录 D   直接剪切试验

1. 基本概念及原理

土的抗剪强度是指土体抵抗剪切破坏的极限能力，是土的重要力学性质指标之一。工程中的地基承载力，挡土墙的土压力，土坡稳定等问题都与土的抗剪强度直接相关。根据库仑定律，土的抗剪强度与剪切面上的法向应力成正比。其本质是由于土粒之间的滑动摩擦以及凹凸面间的镶嵌作用产生的摩阻力，其大小决定于土粒表面的粗糙度、密实度、土颗粒的大小以及颗粒级配等因素。黏性土的抗剪强度由两部分组成，一部分是摩擦力，另一部分是土粒之间的粘结力。用库仑定律公式表达为 $\tau_f = c + \sigma\tan\varphi$。

2. 试验目的

直接剪切试验是测定土抗剪强度指标的一种常用方法。通常将同一土样切取不少于 4 个试样；分别在不同的垂直压力下施加水平剪切力，测得破坏时的切应力，以确定土的内摩擦角和黏聚力，为工程实践提供依据。

3. 试验方法及适应范围

由于土体在固结过程中孔隙水压力的消散，荷载在土中产生的附加应力最后全部转化为有效应力，其实质是土体强度不断增长的过程。因此，剪切试验条件决定了同一种土在不同试验条件下的抗剪强度不同。为了模拟现场土体的剪切条件，根据土的固结程度，剪切时的排水条件以及加荷速率，把剪切试验分为三种：

1）快剪试验（或不排水剪）：土样施加法向应力后，立即施加水平剪切力，在 3～5min 内将试样剪切破坏。在整个试验过程中不允许土样含水率有变化，即孔隙水压力保持不变。这种方法只适用于模拟现场土体较厚，透水性较差，施工速度较快，基本上来不及固结就被剪切破坏的情况（土的渗透系数小于 10^{-6}cm/s）。

2）固结快剪（或固结不排水剪）：先将土样在法向应力作用下达到完全固结，然后施加水平剪切力，与快剪方法一样使土样剪切破坏。此方法只适用于模拟现场土体在自重或正常荷载条件下已达到完全固结状态，随后，又遇到突然增加荷载或因土层较薄，透水性较差，施工速度快的情况。固结快剪适用于土的渗透系数小于 10^{-6}cm/s 的土类，对渗透系数大于 10^{-6}cm/s 的土，应采用三轴仪进行试验。

3）慢剪试验（或固结排水剪）：先将土样在法向应力作用下，达到完全固结。随后施加慢速剪切（剪切速度应小于 0.02mm/min），剪切过程中使土中水能充分排出，使孔隙水压力消散，直至土样剪切破坏。

本次试验采用快剪试验。

4. 仪器设备

1）应变控制式直接剪切仪，如图 D-1 所示。

2）百分表：量程 1～10mm，最小分度值为 0.01mm。

3）其他：切土刀、环刀、秒表、蜡纸、钢丝锯等。

5. 操作步骤

1）切取土样

用标准环刀，切取原状土或制备的扰动试样，方法同密度试验，每组试验不少于 4 个

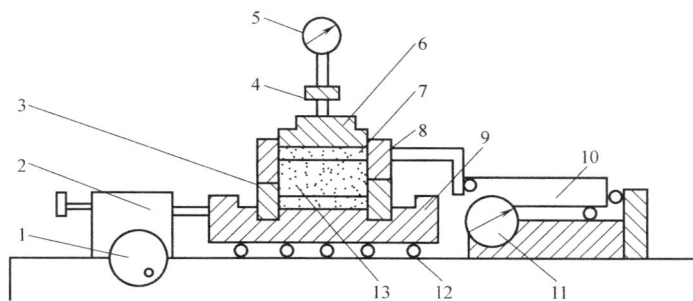

1—剪切传动机构；2—推动器；3—下盒；4—垂直加压框架；5—垂直位移计；
6—传压板；7—透水板；8—上盒；9—储水盒；10—测力计；11—水平位移计；
12—滚珠；13—试样

图 D-1　应变控制式直接剪切仪

试样，并分别测定其密度及含水率。密度差值不得超过 0.03g/cm³。

2）仪器检查

（1）将调整平衡的白色手轮逆时针旋使中心轴上升至顶端，以便加荷过程中调整杠杆水平；

（2）调整平衡锤使水平杠杆水平；

（3）检查仪器各部分接触是否紧密转动是否灵敏；

（4）安装百分表于量力环中，并检查百分表是否接触良好。

3）安装试样

对准上、下剪切盒并插入固定销钉。在下盒内放入透水石一块，其上放不透水蜡纸一张。将切取土样的环刀刀口向上对准上剪切盒口，在土样上面放上蜡纸一张，用推土器推入剪切盒中，移去环刀，并在蜡纸上放块透水石，然后依次加上传压盖板、钢珠及加压框架，并调整加压框，使钢珠与框架之间的缝隙为 1～3mm。

4）垂直加荷

每组试验需要剪切不少于 4 个试样，分别在不同的垂直压力下剪切，垂直压力由现场情况估计出的最大压力决定。对一般的黏性土、砂土，宜采用 50kPa、100kPa、200kPa、300kPa 或 100kPa、200kPa、300kPa、400kPa 的垂直应力。对高含水率、低密度的土样可选用 20kPa、50kPa、100kPa、200kPa 的应力。

5）水平剪切

（1）先转动手轮，使上盒前端钢铰与量力环接触，调整百分表计数为零；

（2）拨出固定销钉、开动秒表，以 1 转/10s 的速率旋转手轮，使试样在 3～5min 内剪切破坏；

（3）剪切过程中，手轮应匀速不间断地旋转，并保持杠杆水平；

（4）剪切过程中，百分表指针不再上升，或有明显后退时，表示试样已剪切破坏。若变形继续增加，而剪切变形（上下盖错开）4mm 时，也认为试样已剪切破坏；

（5）记录手轮转数 n 以及量力环中百分表的读为 R。

6）拆除容器

剪切结束，依次卸除百分表、垂直荷载、上盒等。重新装上另一试样进行下一级剪切试验，直至全部结束。

6. 计算及绘图

1）根据百分表读数，计算土样的剪切位移和剪应力：

$$\Delta L = 20n - R$$

$$\tau = \zeta R$$

式中 ΔL——剪切位移（0.01mm）；

       n——手轮转数；

       R——量力环百分表读数（0.01mm）；

       τ——剪应力（kPa）；

       ζ——量力环率定系数（kPa · 0.01mm）。

2）以剪应力 τ 为纵坐标，剪切位移为横坐标绘制剪应力和剪切位移关系曲线 $\tau\text{-}\Delta L$，如图 D-2 所示。取 $\tau\text{-}\Delta L$ 曲线的峰值为该垂直压力作用下土的抗剪强度 τ_f，无峰值时，取剪切位移 4mm 所对应的剪应力为土的抗剪强度 τ_f。

3）以抗剪强度 τ_f 为纵坐标，垂直压力 σ 为横坐标绘制曲线，如图 D-3 所示。将图上各点连成直线，并延长与纵坐标相交，则直线的倾角为土的内摩擦角，直线在纵坐标上的截距为土的黏聚力 $c(x=c)$。

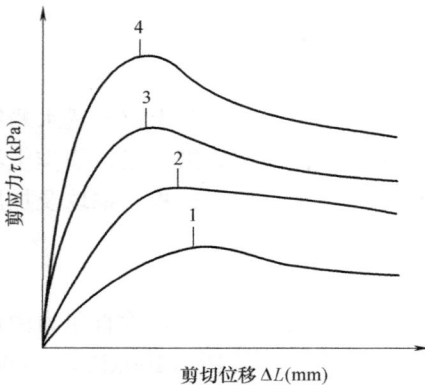

图 D-2   剪应力和剪切位移关系曲线

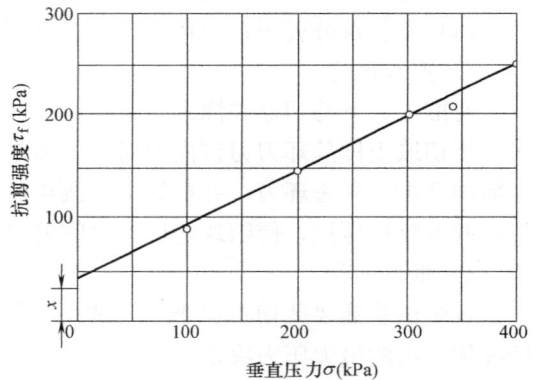

图 D-3   抗剪强度与垂直压力关系曲线

7. 注意事项

1）对于一般黏性土采用峰值或稳定值作为破坏应变。但对高含水率、低密度的软黏土，应力-应变曲线峰值不明显，应采用剪切位移为 4mm 的应变。因而应绘制剪应力和剪切位移关系曲线，选择抗剪强度。

2）同组试样应在同台仪器上试验，以消除仪器误差。

3）施加水平剪切力时，手轮务必要均匀连续转动，不得停顿间歇，以免引起受力不均匀。

4）量力环，不得摔打，并应定期校正。

附录 E　块体密度试验

1. 试验目的

块体密度是一个间接反映岩石致密程度、孔隙发育程度的参数，也是评价工程岩体稳定性及确定围岩压力等必需的计算指标。根据岩石含水状态，块体密度可分为天然密度、干密度和饱和密度。岩石块体密度试验可采用量积法、水中称量法或蜡封法。量积法适用于能制备成规则试件的各类岩石；水中称量法适用于除遇水崩解、溶解和干缩湿胀外的其他各类岩石；蜡封法适用于不能用量积法或直接在水中称量法进行测定的岩石。

本试验采用量积法测定岩石的天然密度、干密度和饱和密度。

2. 试件制备

1）量积法试件应符合下列要求：

（1）试件尺寸应大于岩石最大矿物颗粒直径的 10 倍。

（2）试件可采用圆柱体、方柱体或立方体。

（3）沿试件高度、直径或边长的误差不得大于 0.3mm。

（4）试件两端面不平行度误差不得大于 0.05mm。

（5）试件端面应垂直于试件轴线，最大偏差不得大于 0.25°。

（6）方柱体或立方体试件相邻两面应互相垂直，最大偏差不得大于 0.25°。

2）测干密度时，每组试验试件数量不得少于 3 个；测天然密度和饱和密度时，试件数量不宜少于 5 个。

3. 试件描述

1）岩石名称、颜色、矿物成分、结构、构造、风化程度、胶结物性质等。

2）节理裂隙的发育程度及其分布。

3）试件的形态。

4. 主要仪器设备

1）钻石机、切石机、磨石机、砂轮机等。

2）烘箱和干燥器。

3）天平、测量平台。

4）游标卡尺。

5. 试验程序

1）量测试件两端和中间三个断面上相互垂直的两个直径或边长，按平均值计算截面积。

2）量测两端面周边对称四点和中心点的 5 个高度，计算高度平均值。

3）测定天然密度时，应在岩样开封后，在保持天然湿度的条件下，立即加工试件和称量。测定后的试件，可作为天然状态的单轴抗压强度试验用的试件。

4）测定干密度时，应将试件置于烘箱中，在 105～110℃的恒温下烘 24h，取出放入干燥器内冷却至室温，称试件质量。测定后的试件，可作为干燥状态的单轴抗压强度试验用的试件。

5）测定饱和密度时，先将试件烘干至恒重，而后可任选以下一种方法进行烘干试件的饱和：①当采用煮沸法饱和试件时，煮沸容器内的水面应始终高于试件，煮沸时间不得少于 6h。经煮沸的试件，应放置在原容器中冷却至室温，取出并沾去表面水分后称重。②当采用真空抽气法饱和试件时，饱和容器内的水面应高于试件，真空压力表读数宜为当地大气压值。抽气直至无气泡逸出为止，且抽气时间不得少于 4h。经真空抽气的试件，应放置在原容器中，在大气压力下静置 4h，取出并沾去表面水分后称重。

6）长度量测精确至 0.02mm，称量精确至 0.01g。

6. 成果整理和计算

1）试验数据填入记录表 E-1。

岩石块体密度量积法试验记录表 表 E-1

岩石名称	含水状态	试件编号	直径/边长（mm）		高度（mm）		质量（g）	密度（g/cm³）	备注
			测定值	平均值	测定值	平均值			
					—				
					—				
平均密度（g/cm³）									
试件描述									

试验者：　　　　　　　　　　计算者：　　　　　　　　　　校核者：

2）按下式计算岩石的块体密度：

$$\rho_0 = \frac{m_0}{AH}, \ \rho_d = \frac{m_d}{AH}, \ \rho_{sa} = \frac{m_{sa}}{AH},$$

式中　ρ_0——岩石块体天然密度（g/cm³）；

ρ_d——岩石块体干密度（g/cm）；

ρ_{sa}——岩石块体饱和密度（g/cm³）；

m_0——天然试件质量（g）；

m_d——干试件质量（g）；

m_{sa}——饱和试件质量（g）；

A——试件截面积（cm^2）；

H——试件高度（cm）。

3）计算值精确至 0.01。

附录 F　单轴抗压强度试验

1. 试验目的

为测定岩石的单轴抗压强度，当无侧限试件在纵向压力作用下出现压缩破坏时，单位面积上所承受的载荷称为岩石的单轴抗压强度，即试件破坏时的最大载荷与垂直于加载方向的截面积之比。岩石的单轴抗压强度主要用于岩石的强度分级和岩性描述。

本次试验主要测定天然状态下试件的单轴抗压强度。

2. 试件制备

1）试件可用钻孔岩心或岩块制备。试样在采取、运输和制备过程中，应避免产生裂缝。

2）本次试验采用圆柱体作为标准试件，直径为 48～54mm，高度为直径的 2.0～2.5 倍。

3）试件的直径应大于岩石中最大颗粒直径的 10 倍。

4）试件精度

（1）两端面的不平行度误差不得大于 0.05mm。

（2）沿试件高度，直径误差不得大于 0.3mm。

（3）两端面应垂直于试件轴线，偏差不得大于 0.25°。

5）同一含水状态和同一加载方向下，每组试验试件数量应为 3 个。

3. 试件描述

1）岩石名称、颜色、矿物成分、结构、构造、风化程度、胶结物性质等。

2）加载方向与岩石试件层理、片理及节理裂隙之间的关系。

3）含水状态及所使用的方法。

4）试件加工中出现的现象。

4. 主要仪器设备

1）钻石机、切石机、磨石机或其他制样设备。

2）测量平台、角尺、放大镜、游标卡尺。

3）压力机应满足下列要求：

（1）压力机应能连续加载且没有冲击，并具有足够的吨位，使能在总吨位的 10%～90% 之间进行试验。

（2）压力机的承压板必须具有足够的刚度，其中之一须具有球形座，板面须平整、光滑。

（3）承压板的直径应不小于试件直径，且也不宜大于试件直径的两倍。如压力机承压板尺寸大于试件尺寸两倍以上时，需在试件上下两端加辅助承压板。辅助承压板的刚度和平整度应满足压力机承压板的要求。

（4）压力机的校正与检验，应符合国家计量标准的规定。

5. 试验程序

1）根据所要求的试件状态准备试件。

2）量测试件直径和高度，量测方法同块体密度试验。按直径的平均值计算试件截面积。

3）将试件置于压力机承压板中心，调整有球形座的承压板，使试件均匀受载。

4）以 0.5～1.0MPa/s 的加载速度加荷，直到试件破坏为止，并记录最大破坏荷载及加荷过程中出现的现象。

5）描述试件的破坏形态。

6. 成果整理和计算

1）试验数据填入表 F-1。

岩石单轴抗压强度试验记录表　　　　　　　　　　表 F-1

岩石	含水	受力	试件	试件截面积	破坏荷载	抗压强度	备注
试件描述							

2）按下式计算岩石的单轴抗压强度：

$$R_c = \frac{P}{A}$$

式中　R_c——岩石单轴抗压强度（MPa）；

　　　P——最大破坏荷载（N）；

　　　A——垂直于加载方向的试件横截面积（mm^2）。

3）计算值取 3 位有效数字。

附录 G 抗拉强度试验

1. 试验目的

测定岩石的单轴抗拉强度。试件在纵向力作用下出现拉伸破坏时，单位面积上所承受的荷载称为岩石的单轴抗拉强度。

劈裂法试验是测定岩石单轴抗拉强度的方法之一。该法是在圆柱体试件的直径方向上，施加相对的线形荷载，使之沿试件直径方向破坏的试验。

本次试验采用劈裂法测定天然状态下试件的抗拉强度。

2. 试件制备

1）本次试验采用圆柱体作为标准试件，直径宜为 48～54mm，试件的厚度宜为直径的 0.5～1.0 倍，并应大于岩石最大颗粒直径的 10 倍。

2）其他应与附录 B 的试件制备一致。

3. 试件描述

同附录 B。

4. 主要仪器设备

同附录 B。

5. 试验程序

1）根据所要求的试件状态准备试件。

2）根据要求的劈裂方向，通过试件直径的两端，沿轴线方向划两条相互平行的加载基线。

3）量测两基线间试件两端和中间三个断面上的直径，并量测沿基线两端和中心点的试件厚度，计算直径和厚度平均值。

4）将 2 根垫条沿加载基线固定在试件两侧，并将试件置于压力机承压板中心，调整球形座，使试件均匀受力，并使垫条与试件在同一加荷轴线上。

5）以 0.3～0.5MPa/s 的加载速度加荷，直到试件破坏为止，并记录最大破坏载荷及加荷过程中出现的现象。

6）描述试件的破坏形状。

6. 成果整理和计算

1）试验数据填入表 G-1。

岩石单轴抗拉强度试验（劈裂法）记录表　　　　　表 G-1

岩石名称	含水状态	受力方向	试件编号	试件直径(mm)	试件厚度(mm)	破坏荷载(N)	抗压强度(MPa)	备注

岩石名称	含水状态	受力方向	试件编号	试件直径（mm）	试件厚度（mm）	破坏荷载（N）	抗压强度（MPa）	备注
试件描述								

试验者：　　　　　　　　　计算者：　　　　　　　　　校核者：

2）按下式计算岩石的单轴抗拉强度：

$$R_t = \frac{2P}{\pi Dt}$$

式中　R_t——岩石单轴抗拉强度（MPa）；

　　　P——最大破坏荷载（N）；

　　　D——试件直径（mm）；

　　　t——试件厚度（mm）。

3）计算值取 3 位有效数字。

附录 H　单轴压缩变形试验

1. 试验目的

岩石单轴压缩变形试验用于测定岩石试件在单轴压缩应力条件下的轴向及径向（横向）应变值，据此计算岩石的弹性模量和泊松比。

弹性模量是轴向应力与轴向应变之比，泊松比是径向应变与轴向应变之比。

本次试验主要测定天然状态下试件的弹性模量和泊松比。

2. 试件制备

同附录 B。

3. 试件描述

同附录 B。

4. 主要仪器设备

1）制样设备和检查仪器同附录 B。

2）压力机、电阻应变仪（也可使用精度能达到 0.1% 和量距能满足变形测定需要的其他仪表）。使用电阻应变仪应符合仪器说明书的规定。使用时要遵守仪器的工作条件、使用方法及维护中的注意事项。

5. 试验程序

1）量测试件直径和高度，量测方法同块体密度试验。按直径的平均值计算试件截面积。

2）电阻片的粘贴和防潮处理

（1）选择电阻片，要求电阻丝平直，间距均匀，丝栅与栅板粘贴牢固，质量符合产品要求。电阻丝的长度应大于组成试件的矿物最大粒径或斑晶的 10 倍以上，并应小于试件的半径。同一试件使用的工作片和补偿片的电阻值应不超过 ±0.2Ω。

（2）贴片位置应选择在试件中部相互垂直的两对称部位，以相对面为一组，分别粘贴轴向和径向电阻片，并应避开裂隙或斑晶。

（3）贴片位置应打磨平整光滑，并用清洗液清洗干净。各种含水状态的试件，应在贴片位置的表面均匀地涂一层防潮胶液，厚度不宜大于 0.1mm，范围应大于电阻片。

（4）电阻片应牢固粘贴在试件上，轴向或径向电阻片的数量可采用 2 片或 4 片，其绝缘电阻值不应小于 200MΩ。

（5）在焊接导线后，可在电阻片上作防潮处理。

3）将贴好电阻片的试件置于压力机上，对准中心，接通电源，并调整电阻应变仪。

4）在逐渐对试件施加载荷的过程中，应不断调整球形座，使之受力均匀。检查的方法是，在试件上施加少许压力之后，观测几个纵向应变片的应变值是否接近，如读数相差较大，应重新调整试件，直到调好为止。

5）以 0.5 ～1.0MPa/s 的加载速度对试件施加荷载。

6）施加载荷的过程中，记录各级应力下的纵向和横向应变值。为了绘制应力-应变关系曲线，观测记录的应力-应变值应尽可能多一些，通常不少于 10 个测值。

6. 成果整理和计算

1）试验数据填入表 H-1。

岩石压缩变形记录表

表 H-1

岩石名称:		含水状态:			$E_{av}=$			$\mu_{av}=$	
试件编号:		试件截面积(mm^2):			$E_{50}=$			$\mu_{50}=$	

序号	加载		纵向应变($\times 10^{-6}$)			横向应变($\times 10^{-6}$)			备注
	轴向荷载 (N)	应力 (MPa)	测量值		平均	测量值		平均	
			1	2		1	2		
1									
2									
3									
4									
5									
6									
7									
8									
9									
10									
试样描述									

试验者:　　　　　　　　　　计算者:　　　　　　　　　　　　　　　校核者:

2）计算各级应力下的应变值

（1）将纵向和横向的电阻片读数分别进行平均，求得纵向应变和横向应变。如各电阻片的读数相差较大，则应检查分析原因。若是试件本身造成的，应在记录中予以说明；若系测试技术等人为因素所引起的，试验成果应予以舍弃。

（2）绘制应力与纵向应变及横向应变曲线。

3）计算弹性模量和泊松比

（1）按下列公式计算岩石平均弹性模量和岩石平均泊松比：

$$E_{av}=\frac{\sigma_b-\sigma_a}{\varepsilon_{1b}-\varepsilon_{1a}}$$

$$\mu_{av}=\frac{\sigma_{db}-\sigma_{da}}{\varepsilon_{1b}-\varepsilon_{1a}}$$

式中　E_{av}——岩石平均弹性模量（MPa）；

μ_{av}——岩石平均泊松比；

σ_a——应力与纵向应变关系曲线上直线段始点的应力值（MPa）；

σ_b——应力与纵向应变关系曲线上直线段终点的应力值（MPa）；

ε_{1a}——应力为σ_a时的纵向应变值；

ε_{1b}——应力为σ_b时的纵向应变值；

ε_{da}——应力为σ_a的横向应变值；

ε_{db}——应力为σ_b时的横向应变值。

（2）计算岩石割线弹性模量及相应的岩石泊松比

在纵向应变曲线上，作通过原点与应力相当于50％抗压强度处的应变点的连线，其斜率即为所求的割线弹性模量：

$$E_{50} = \frac{\sigma_{50}}{\varepsilon_{50}}$$

式中　E_{50}——弹性模量（MPa）；

ε_{50}——相当于50％抗压强度的应力值（MPa）；

σ_{50}——应力为抗压强度50％时的应变值。

取应力为抗压强度50％时的纵向应变值和横向应变值计算泊松比：

$$\mu_{50} = \frac{\varepsilon_{d50}}{\varepsilon_{l50}}$$

式中　μ_{50}——泊松比；

ε_{d50}——应力为抗压强度50％时的横向应变值；

ε_{l50}——应力为抗压强度50％时的纵向应变值。

（3）岩石弹性模量取3位有效数字，泊松比精确至0.01。

附录 I　三轴压缩强度试验

1. 试验目的

岩石三轴压缩强度试验是测定一组岩石试件在不同侧压条件下的三向压缩强度，据此计算岩石在三轴压缩条件下的强度参数 c、φ 值。

本试验采用等侧向压力三轴压缩强度试验测定天然状态试件的强度参数。

2. 试件制备

1）同附录 B。

2）圆柱形试件直径应为承压板直径的 0.96～1.00。

3）同一含水状态和同一加载方向下，每组试验试件的数量应为 5 个。

3. 试件描述

同附录 B。

4. 主要仪器设备

1）钻石机、锯石机、磨石机、车床等。

2）测量平台。

3）三轴试验机（包括测试系统和记录系统）。

5. 试验程序

1）量测试件直径和高度，量测方法同块体密度试验。按直径的平均值计算试件截面积。

2）按等差级数或等比级数选择侧压力。最大侧压力应根据工程需要和岩石特性及三轴试验机性能确定。

3）根据三轴试验机要求安装试件。试件应采用防油措施。

4）以 0.05MPa/s 的加荷速度同时施加侧压力和轴向压力至预定侧压力值，并使侧压力在试验过程中始终保持为常数。

5）以 0.5～1.0MPa/s 的加荷速度施加轴向荷载，直至试件完全破坏，记录轴向荷载、轴向和横向变形、破坏荷载。

6）对破坏后的试件进行描述。当有完整的破坏面时应量测破坏面与最大主应力作用面之间的夹角。

6. 成果整理和计算

1）试验数据填入记录表 I-1。

岩石三轴压缩试验记录表　　　　　　　　　　　　　　　　　　表 I-1

岩石名称	含水状态	试件编号	试件截面积（mm²）	轴向破坏荷载（N）	侧压力（MPa）	轴向应力（MPa）	备注

岩石名称	含水状态	试件编号	试件截面积（mm²）	轴向破坏荷载（N）	侧压力（MPa）	轴向应力（MPa）	备注
试件描述							

试验者：　　　　　　　　　计算者：　　　　　　　　　校核者：

2）按下列公式计算不同侧压条件下的轴向应力：

$$\sigma_1 = \frac{P}{A}$$

式中　σ_1——不同侧压条件下的轴向应力（MPa）；

　　　P——试件轴向破坏荷载（N）；

　　　A——试件截面积（mm²）。

附录 J　结构面直剪试验

1. 试验目的

岩石直剪试验是将同一类型的一组试件，在不同法向荷载下进行剪切，根据库仑公式确定岩石的抗剪强度参数。岩石直剪试验一般可测定：①岩石结构面（包括夹泥和不夹泥的层面，节理裂缝面和断层带等）的抗剪强度；②混凝土与岩石胶结面的抗剪强度；③岩石本身的抗剪强度。试验时岩石的含水状态可根据需要采用天然含水状态、饱和状态或其他含水状态。

本次试验测定天然状态下岩石结构面的抗剪强度。

2. 试件制备

1）岩石结构面直剪试验试件的直径或边长不得小于 5cm，试件高度与直径或边长相等。结构面应位于试件中部。

2）每组试验试件的数量应为 5 个。

3. 试件描述

1）岩石名称、颜色、矿物成分、结构、构造、风化程度、胶结物性质等。

2）层理、片理、节理裂隙的发育程度及其与剪切方向的关系。

3）结构面的充填物性质、充填程度以及试件在采取和制备过程中受扰动的情况。

4. 主要仪器设备

1）试件制备设备。

2）游标卡尺及位移测表。

3）直剪试验仪。

5. 试验程序

1）沿结构面受剪方向量测试件两端及中部的边长，计算边长平均值。

2）试件安装步骤

（1）将试件置于直剪仪的剪切盒内，试件受剪方向宜与预定受力方向一致，试件与剪切盒内壁之间的间隙以填料填实，使试件与剪切盒成为一个整体。预定剪切面应位于剪切缝中部。

（2）法向荷载和剪切荷载应通过预定剪切面的几何中心。法向位移测表和水平位移测表应对称布置，各测表数量不宜少于 2 只。

3）法向荷载施加步骤

（1）在每个试件上，首先应分别施加不同的法向荷载，所施加的最大法向荷载，不宜小于预定的法向应力（一般是指工程设计应力）。各试件的法向荷载，宜根据最大法向荷载等分确定。

（2）在施加法向荷载前，应测读各法向位移测表的初始值。应每 10min 测读一次，各个测表 3 次读数差值不超过 0.02mm 时，可施加法向荷载。

（3）对于岩石结构面中具有充填物的试件，最大法向应力应以不挤出充填物为宜。

（4）不需要固结的试件，法向荷载可一次施加完毕，而后测读法向位移，5min 后再测读一次，即可施加剪切荷载。

（5）需固结的试件，应按充填物的性质和厚度分 1～3 级施加。在法向荷载施加至预定值后的第 1h 内，每隔 15min 读数 1 次，然后每 30min 读数 1 次，当每小时法向位移不超过 0.05mm 时，即认为固结稳定，可施加剪切荷载。

（6）在剪切过程中，应使法向荷载始终保持恒定。

4）剪切荷载施加步骤

（1）测读各位移测表读数，必要时可调整测表读数。根据需要，可调整剪切千斤顶位置。

（2）按预估最大剪切荷载分 8~12 级施加。每级荷载施加后，即测读剪切位移和法向位移，5min 后再测读一次，即可施加下一级剪切荷载直至破坏。当剪切位移量增幅变大时，可适当加密剪切荷载分级。

（3）试件破坏后，应继续施加剪切荷载，直至测出趋于稳定的剪切荷载值为止。

（4）将剪切荷载退至零。根据需要，待试件充分回弹后，调整测表，按本条第（1）~（3）款步骤进行摩擦试验。

5）试验结束后，应对试件剪切面进行下列描述：

（1）量测剪切面，确定有效剪切面积。

（2）描述剪切面的破坏情况，擦痕的分布、方向和长度。

（3）测定剪切面的起伏差，绘制沿剪切方向断面高度的变化曲线。

（4）当结构面内有充填物时，应准确判断剪切面的位置，并记述其组成成分、性质、厚度、结构构造、含水状态。根据需要，可测定充填物的物理性质和黏土矿物成分。

6. 成果整理和计算

1）试验数据填入表 J-1。

岩石直剪试验记录表   表 J-1

岩石名称	含水状态	试件编号	试件边长（mm）	法向荷载（N）	法向应力（MPa）	剪切荷载（N）	剪向应力（MPa）	备注
试件描述								

2）试验成果整理应符合下列要求

（1）按下列公式计算各法向荷载下的法向应力和剪应力：

$$\sigma = \frac{P}{A}, \ \tau = \frac{Q}{A}$$

式中　σ——作用于结构面上的法向应力（MPa）；

　　　τ——作用于结构面上的剪应力（MPa）；

　　　P——作用于结构面上的法向荷载（N）；

　　　Q——作用于结构面上的剪切荷载（N）；

　　　A——剪切面积（mm^2）。

（2）绘制各法向应力下的剪应力与剪切位移及法向位移关系曲线，根据曲线确定各剪切阶段特征点的剪应力。

（3）根据各剪切阶段特征点的剪应力和法向应力绘制关系曲线，按库仑表达式确定相应的岩石结构面抗剪强度参数 c、φ 值。